协作蜂窝接入网络的无线资源共享机理与优化方法

章 磊 曹 洋 著

国防工业出版社

·北京·

内 容 简 介

本书针对协作蜂窝接入网的无线资源共享难题，开展了系统、深入的讲述，首先阐述了基于多维连续马尔可夫链的协作蜂窝接入网资源共享模型，并阐明了协作模式、资源丰度及业务特征对业务服务质量的影响机理，为保障用户的通信体验和指导协作蜂窝接入网的性能优化奠定了理论基础；然后提出了一种协作蜂窝接入网的多协作模式调度机制，通过机会式接入空闲频段实现全双工协作通信，突破传统协作模式的性能瓶颈，综合考虑协作模式选择、子信道分配及发射功率控制，实现网络效用最大化，显著提升业务服务质量与用户体验；最后提出了一种协作蜂窝接入网的资源共享激励机制，蜂窝接入网可通过提供给其他网络用户更高的服务质量，换取额外的子信道以提升资源丰度，根据多业务特征提出最优化的动态资源分配策略，实现整体网络吞吐量和频谱利用率提升30%以上。

本书可作为从事无线通信与网络研究的工程技术人员的参考书，也可作为有关专业院校高年级本科生或研究生的教材。

图书在版编目(CIP)数据

协作蜂窝接入网络的无线资源共享机理与优化方法/章磊,曹洋著.—北京：国防工业出版社,2023.1
ISBN 978-7-118-12839-0

Ⅰ.①协… Ⅱ.①章… ②曹… Ⅲ.①蜂窝式移动通信网-研究 Ⅳ.①TN929.53

中国国家版本馆 CIP 数据核字(2023)第 038940 号

※

*国防工业出版社*出版发行
（北京市海淀区紫竹院南路23号　邮政编码100048）
北京虎彩文化传播有限公司印刷
新华书店经售

＊

开本710×1000　1/16　印张9　字数158千字
2023年1月第1版第1次印刷　印数1—1500册　定价99.00元

（本书如有印装错误，我社负责调换）

国防书店：(010)88540777　　书店传真：(010)88540776
发行业务：(010)88540717　　发行传真：(010)88540762

前　言

在高速率无线通信业务流量爆发式增长的形势下，有限且不可再生的无线频谱资源成了制约业务服务水平和用户体验的最大瓶颈。单一蜂窝接入网络所能调用的频谱资源往往十分受限，性能会随着并发用户数量的显著增加而急剧下降，因此扩宽可用频谱是蜂窝接入网络发展的必然选择。

协作蜂窝接入网络通过机会式利用其他通信网络的空闲频段，在干扰可控的前提下可有效提升接入性能，从而受到业界广泛关注。但是，无线资源共享问题是协作蜂窝接入网络的主要难题之一，长期以来缺乏对复杂多维资源共享模型的精准刻画，性能难以达到最优，急需理论上的重大突破。围绕这一难题，本书在国家自然科学基金资助下，对协作蜂窝接入网络的无线资源共享机理与优化方法展开深入研究，为破解无线频谱资源瓶颈问题提供了理论指导。本书作者长期从事无线通信网络相关的理论和实验研究，在无线资源共享与优化领域开展了长期、系统的研究，在 IEEE WC、IEEE TVT、IEEE TWC 等国际著名期刊发表多篇相关 SCI 论文，相关成果获得了国内外同行的广泛关注和肯定。本书的内容很多都是基于作者的研究而撰写的，因此作者对本书的内容具有较为深刻的把握和理解。同时，目前市面上已出版的图书中介绍无线通信网络的书籍较多，但是专门、系统介绍协作蜂窝接入网络中的无线资源贡献机制的书籍还很少，因此本书的内容对于相关研究人员具有很好的指导借鉴作用。

本书的第 1 章~第 5 章由章磊撰写，第 6 章~第 10 章由曹洋撰写。读者对象主要为从事无线通信与网络方向学习和研究的高校学生、研究人员、教育工作者等。鉴于作者水平有限，加之无线通信技术发展迅速，书中难免不妥之处，敬请读者批评指正。

章磊
2022 年 5 月 18 日

目 录

第1章 认知无线电技术 ································· 1
1.1 研究背景及意义 ································· 1
1.2 研究现状 ································· 4
1.2.1 频谱感知 ································· 4
1.2.2 机会式频谱接入的建模与认知业务性能分析 ················· 6
1.2.3 认知无线电技术在毫微微蜂窝网络中的应用 ··············· 8

第2章 机会式频谱接入的基本理论 ····················· 10
2.1 基于机会式频谱接入的认知无线电网络的系统架构 ············ 10
2.2 频谱感知技术 ································· 12
2.2.1 匹配滤波器检测 ································· 13
2.2.2 能量检测 ································· 13
2.2.3 循环平稳特征检测 ································· 14
2.3 机会式频谱接入的建模与服务等级性能分析 ··············· 15
2.3.1 基于连续马尔可夫链的机会式频谱接入模型 ················· 15
2.3.2 服务等级性能分析 ································· 17
2.4 小结 ································· 18

第3章 机会式频谱接入中的频谱感知调度问题研究 ············ 19
3.1 引言 ································· 19
3.2 网络场景与系统模型 ································· 21
3.2.1 网络场景 ································· 21
3.2.2 能量检测 ································· 22
3.2.3 信道模型与信道状态信息预测 ································· 23
3.2.4 授权用户业务特征建模与授权信道空闲概率估计 ············ 24
3.3 基于信息预测的频谱感知调度策略 ····················· 25
3.3.1 优化问题建模 ································· 25
3.3.2 优化问题求解 ································· 26
3.4 仿真结果及性能分析 ································· 28

  3.4.1 仿真环境设置 ··· 28
  3.4.2 仿真结果与性能评估 ······································· 28
 3.5 小结 ··· 32

第4章 蜂窝网中机会式频谱接入的建模与服务等级性能分析 ··········· 33
 4.1 引言 ··· 33
 4.2 基于机会式频谱接入的蜂窝网络的系统模型 ···················· 34
 4.3 认知蜂窝网中机会式频谱接入策略 ································ 36
 4.4 利用三维连续马尔可夫链建模与分析服务等级性能 ··········· 37
  4.4.1 基于非跳转的机会式频谱接入策略的服务等级性能分析 ··· 37
  4.4.2 基于跳转的机会式频谱接入策略的服务等级性能分析 ····· 39
 4.5 仿真结果及性能分析 ··· 41
 4.6 小结 ··· 44

第5章 基于机会式频谱接入的毫微微蜂窝网络中的激励机制 ··········· 45
 5.1 引言 ··· 45
  5.1.1 研究背景 ··· 45
  5.1.2 相关工作 ··· 48
  5.1.3 贡献和内容组织结构 ······································· 49
 5.2 基于机会式频谱接入的毫微微蜂窝网系统模型 ················· 49
 5.3 一种适用于混合式接入模式的动态频谱分配方法 ············· 51
 5.4 优化问题求解 ·· 54
  5.4.1 子问题的求解 ··· 55
  5.4.2 优化流程 ··· 56
 5.5 仿真结果及性能分析 ··· 57
  5.5.1 仿真参数设置 ··· 57
  5.5.2 总体比较 ··· 58
  5.5.3 频谱感知结果对算法性能的影响 ························ 61
  5.5.4 协议信道个数对算法性能的影响 ························ 63
 5.6 小结 ··· 64

第6章 蜂窝网络中D2D通信的调度策略 ······································ 65
 6.1 调度目标 ··· 65
  6.1.1 传输模式选择 ··· 66
  6.1.2 用户分组/配对 ·· 66

  6.1.3 子信道/资源块分配及发射功率控制 ……………………… 67
 6.2 调度模式 ……………………………………………………………… 67
  6.2.1 集中式调度模式 …………………………………………… 67
  6.2.2 分布式调度模式 …………………………………………… 68
  6.2.3 混合式调度模式 …………………………………………… 68
 6.3 调度方法 ……………………………………………………………… 68
  6.3.1 二阶段随机规划 …………………………………………… 69
  6.3.2 联盟博弈 …………………………………………………… 70
 6.4 小结 …………………………………………………………………… 70

第7章 面向非实时数据传输的 D2D 通信框架和调度策略 ……………… 71
 7.1 引言 …………………………………………………………………… 71
 7.2 辅助协作框架 ………………………………………………………… 73
 7.3 最优化传输调度策略 ………………………………………………… 75
  7.3.1 授权信道可用性分析 ……………………………………… 76
  7.3.2 可达速率估计 ……………………………………………… 76
  7.3.3 优化问题的数学描述 ……………………………………… 78
  7.3.4 偶分解法获取传输调度方案 ……………………………… 79
 7.4 仿真结果及性能评估 ………………………………………………… 83
 7.5 小结 …………………………………………………………………… 88

第8章 面向实时视频传输的 D2D 通信框架和调度策略 …………………… 89
 8.1 引言 …………………………………………………………………… 89
 8.2 辅助缓存框架 ………………………………………………………… 92
  8.2.1 移动视频组播的系统模型 ………………………………… 92
  8.2.2 D2D 通信辅助的缓存框架 ………………………………… 93
 8.3 最优化传输调度策略 ………………………………………………… 97
  8.3.1 基于社交关系的分布式分组 ……………………………… 97
  8.3.2 D2D 通信的频谱分配 ……………………………………… 101
 8.4 仿真结果及性能分析 ………………………………………………… 101
 8.5 小结 …………………………………………………………………… 106

第9章 面向智能电网数据传输的 D2D 通信框架和调度策略 …………… 107
 9.1 引言 …………………………………………………………………… 107
 9.2 辅助中继框架 ………………………………………………………… 109

  9.2.1 智能电网环境下的通信网络模型 …………………… 109
  9.2.2 D2D 通信辅助中继框架 …………………………… 111
 9.3 最优化传输调度策略 …………………………………… 113
  9.3.1 可达速率估计 ……………………………………… 114
  9.3.2 随机规划问题的数学描述 ………………………… 115
  9.3.3 针对随机规划问题的分布式最优求解方案 ……… 117
 9.4 仿真结果及性能评估 …………………………………… 121
 9.5 小结 ……………………………………………………… 125

参考文献 …………………………………………………………… 126

第1章

认知无线电技术

1.1 研究背景及意义

近年来,随着无线通信技术的飞速发展,无线数据传输业务呈现指数级的快速增长。相应地,人们对无线频谱资源的需求也越来越大,不断增长的频谱资源需求同有限的频谱资源之间的矛盾变得日益突出。

现有的无线电频谱管理准则为固定频谱分配准则,在该准则中,不同的频谱授权给固定的用户所使用。例如,在美国,850/1900MHz 附近的频段被授权给了 GSM 蜂窝网络,其他业务接入该频段则是非法的。然而,依据现有的无线电频谱管理准则,大量实测数据表明有些授权频谱的利用率很低,如电视频段。美国通信委员会(Federal Communication Commission,FCC)对频谱资源的利用效率进行了实地测量和研究,发现依据现有的固定频谱分配策略,频谱利用率在时间和空间维度上都很低。例如,在美国纽约,30MHz ~ 3GHz 频段的最大利用率仅仅只有 13.1%[2]。近期,香港科技大学张黔领导的研究团队在中国广东省的频谱实测数据也表明:该地区的电视频段的实际利用率仅仅只有 40%[1]。综上所述,造成频谱资源短缺的原因,更多源自于传统固定频谱分配策略的低效,而不是物理频谱的短缺[3]。

当授权用户空闲时,如果允许其他用户使用空闲的授权频谱,则可以有效地提高频谱资源利用率。Joseph Mitola 在 1999 年的论文中首次提出的认知无线电(Cognitive Radio,CR)则提供了这种可能,并给出了认知无线电的定义:认知无线电是一种基于模型的,可以探测用户通信需求并根据这些需求提供相应服务的无线电。国际知名学者 Simon Haykin 则从信号处理的角度总结了感知无线电的三个关键技术:频谱感知技术、自适应传输技术和频谱资源动态管理技术[3]。依据这三个关键技术构成的认知环模型,如图 1 - 1 所示。

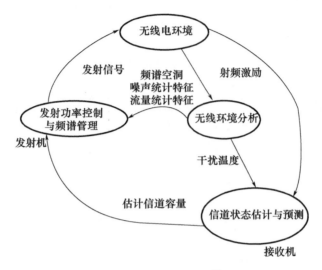

图 1-1 认知环模型[3]

认知无线电领域知名学者 Liang Ying Chang 教授从网络的角度,总结了认知无线电在物理层、MAC 层和网络层上需要实现的关键功能[4]。如图 1-2 所示,在物理层,认知无线电通过环境学习和频谱感知来获取周围环境信息,以发现空闲授权频谱和获取一些重要的通信信息,如信道状态信息。依据这些环境信息,认知无线电收发机可以进行通信参数优化或者重新配置。在 MAC 层,认知无线电通过感知-接入协调器,来实现频谱感知调度和感知接入控制这两个重要功能,并且在频谱感知需求和频谱接入机会之间做出权衡。在网络层,认知无线电需要实现网络诊断、服务质量(Quality of Service,QoS)和差错控制、基于频谱的路由选择这三种功能,而频谱管理器则负责控制和协调物理层、MAC 层和网络层上各个功能模块。

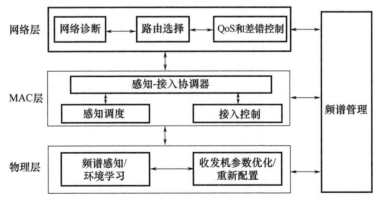

图 1-2 认知无线电在物理层、MAC 层和网络层上的关键功能[7]

依据不同的传输策略,认知无线电网络的接入方式可以划分为两类:机会式频谱接入和频谱共享两种[4]。图1-3描述了机会式频谱接入模型。有些学者也将机会式频谱接入称作频谱填充(spectrum overlay)[5]。机会式频谱接入的概念雏形,即频谱池模型,由Mitola博士首次提出。在机会式频谱接入模型中,当授权频谱空闲,即出现频谱空洞时,认知用户通过频谱感知发现频谱机会,并接入到频谱空洞中传输数据。认知用户需要频繁的感知授权信道,以及时发现授权用户是否返回。当授权用户返回授权信道时,需要立即退出授权信道,以避免对授权用户的干扰。

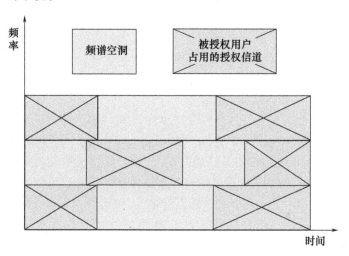

图1-3 机会式频谱接入模型[4]

有些学者也将机会式频谱接入称为"频谱衬垫"(spectrum underlay)[5]。在基于干扰温度的频谱共享模型中,认知用户可以和授权用户同时使用同一个授权信道。但是,认知用户必须控制发射功率,保证自己对授权用户的干扰在可容忍的阈值之内。

通过比较两种模型,我们可以发现同是出于保护授权用户的目的,机会式频谱接入和频谱共享方式两者的实现方式有很大的区别。在机会式频谱接入方式中,主要关注认知用户及时获取授权信道是否空闲的能力,从而接入频谱空洞或者及时退出。然而,在频谱共享模型中,则主要关注如何控制自己的发送功率来保证对授权用户的干扰在一定阈值内。同机会式频谱接入相比较,频谱共享避免了频繁的频谱感知所带来的吞吐量损耗和时延。但是,频谱共享模式需要准确的估计认知用户发射机与授权用户接收机之间的信道状态信息。而在实际应用中,在授权用户接收机的位置信息未知的情况下,估计两个不同的系统内的用户之间的信道状态信息是非常困难的[7],本书主要考虑机会式频谱接入方式。

3

1.2 研究现状

随着认知无线电技术的飞速发展,国内外许多大学、研究机构和企业纷纷投入到对认知无线电的研究当中。2003 年开始,美国国防部高级研究计划署(DARPA)开始研究下一代(NG)无线通信技术,其目的是研究一种可以动态监测周围环境变化,并根据周围环境的频谱管理政策选择频谱的美国军用通信设备[6]。2004 年,德国 Karslruhe 大学的 Fiedrich Jondral 教授提出了频谱池的概念[7],研究基于正交频分复用(OFDM)的动态频谱接入频谱池系统,从而实现 OFDM 无线局域网与 GSM 无线通信网的频谱资源共享。2004 年 11 月,IEEE 正式成立 IEEE 802.22(Wireless Regional Area Network,无线局域网)工作组,采用认知无线电技术为核心技术以实现对 VHF/UHF 频段的动态频谱接入,该工作组也是全世界第一个基于认知无线电技术的空中接口标准化组织[8]。2009 年,微软研究院联合麻省理工学院,在美国 57 个不同的地点,通过地形数据库来实现电视频段的频谱感知[9-10]。2011 年,我国国家无线电监测中心、华中科技大学、中国移动研究院和华为技术公司联合开展了基于国家重大科技专项的"TD-LTE 系统中的认知无线电技术研究与验证"项目,正式将认知无线电技术应用到未来的蜂窝移动通信系统中。

在学术界,IEEE 每年还专门组织两个以认知无线电为主题的国际学术会议:IEEE CrownCom 和 IEEE DySPAN,其他通信领域一些重要的学术期刊,如 IEEE Journal on Selected Areas in Communications,也专门开设了认知无线电技术专题。在近十年里,有大量学者对认知无线电网络中的机会式频谱接入技术进行了大量的研究,下面对其中一些典型工作,做简单的分类和回顾。

1.2.1 频谱感知

在基于机会式频谱接入技术的认知无线电网络中,认知用户通过频谱感知发现频谱机会和授权用户是否返回,因此频谱感知是认知无线电网络的支撑技术,得到了大家的广泛关注和研究[11]。频谱感知的实现包含有两个网络层次:物理层感知和 MAC 层感知[12-13]。物理层感知主要关注如何通过信号检测算法来检测接收到的授权用户信号,从而判别授权信道是否空闲。MAC 层感知则主要关注频谱感知调度策略,即调度认知用户在何时去感知接入哪一些授权信道,从而获得较好的网络性能,如网络吞吐量、时延等。下面分别对这两个部分中的已发表工作进行回顾。

1.2.1.1 物理层频谱感知

新加坡科技研究院的 Liang Ying Chang 教授领导的研究团队,在频谱感知技术领域做了大量的工作。在文献[14]中,作者研究了在机会式频谱接入技术中的感知时间优化问题。在授权用户的通信质量得到充分保证的情况下,即检测概率一定的条件下:作者首先确定了能量检测的最优感知时间,以最大化认知无线网络的吞吐量;然后作者将其扩展到多用户多检测时隙的条件下,进一步研究了能量检测中的感知时间优化问题。在文献[15]中,作者提出了一种基于特征值的频谱感知算法。该算法可以在不需要授权用户信号先验信息、信道状态信息和噪声不确定的情况下,通过认知用户接收信号相关矩阵中的特征信息来进行频谱感知。在文献[16]中,作者考虑授权用户信号是 OFDM 调制信号的情况。针对 OFDM 信号中导频子载波周期性出现的特征,提出了一种自相关频谱检测方法。并且为了让算法更加适用于实际应用场景,作者提出了一种近似最优似然比检测算法。在该算法中,检测效果并不取决于信道状态信息、子载波频偏和噪声功率。

协作感知可以有效地克服因为阴影效应造成的单个用户感知结果不够准确的问题[17-23]。在文献[17]中,作者考虑了协作感知中参与协作的认知用户数目的问题,并提出了一种快速频谱感知算法。该算法在满足一个给定的错误阈值的情况下,只选择一部分认知用户参与协作感知。

在文献[18]中,作者提出了一种最优线性协作感知方法,在满足频谱利用率的条件下,提高频谱感知性能,以降低对授权用户的干扰。作者将所提出的感知方法描述成一个非线性优化问题,并利用其内部数学特征得到最优解。

在文献[19]中,作者从安全角度出发,研究了认知无线电网络中的协作感知性能,并提出了一种基于信任度的判决准则,以抵御恶意用户在协作检测中的攻击。

在文献[20]中,作者考虑当认知用户和认知基站之间的控制信道非理想的情况下,将协作感知和空时分组码结合起来,以降低本地感知判决结果在传输过程中的误码率。

在文献[21-22]中,佐治亚理工大学的 Li Y 教授领导的研究团队开启频谱感知协作中继的先河,他们的协作中继模型提高了认知用户的检测灵敏度,获得了一定的信噪比增益。

文献[23]中,作者探讨了在满足目标检测概率和虚警概率的条件下,选择哪些认知用户参与协作感知,以提高频谱检测性能的问题。研究结果表明,并非协同所有认知用户参与频谱检测可以获得最优的感知性能。只选择部分信噪比条件较好的认知用户参与协作感知,反而频谱感知效果更好。

1.2.1.2 MAC 层频谱感知

在文献[12]中,作者提出了一种估计授权用户业务特征的方法,并利用授权用户的业务特征信息,设计了一种频谱感知调度策略。该策略可以在相同的时间内,获得最大数目的频谱空洞。同时,作者研究了认知用户进行信道切换时感知序列的最优化问题,并提出了一种最优的感知序列设计算法,以降低因为频谱感知而带来的时延。

在文献[24]中,作者研究了授权用户业务特征信息对感知调度策略的影响。作者发现基于授权业务特征信息的感知调度策略可以获得很好的性能增益。特别是当授权用户工作或不工作状态的持续时间较长时,获得的性能增益更大。

在文献[25]中,作者研究了基于无率码(rateless code)的认知无线电网络场景中的感知调度问题。作者提出了一种基于部分可观测马尔可夫决策过程的感知调度策略,以决定在一个时隙里感知多少个和哪一些授权信道。并且,作者提出了一种启发式算法以降低感知调度策略的复杂度。

在文献[26]中,作者考虑一个认知无线电网络包含有一个授权用户和多个认知用户。作者提出了一种频谱感知调度策略,以降低频谱感知带来的复杂度和能量损耗。在该策略中,每次只挑选一个认知用户执行频谱感知,获得感知结果后再广播给其他认知用户,以降低所有认知用户都参与频谱感知所引起的损耗。

在文献[27]中,作者基于授权信道的频谱相关性,提出了一种频谱感知调度策略,以获得网络吞吐量增益。

在文献[28]中,作者利用隐马尔可夫链来预测授权信道是否空闲,并提出了一种频谱感知调度算法,以决定认知用户在某一时刻是进行频谱感知或者数据传输。该算法在保证对授权用户的干扰在一定阈值内的同时,最大化认知网络吞吐量。

在文献[29]中,作者利用部分可观测马尔可夫决策过程来实现协作感知调度,以提高认知无线电网络的能量效率。并且作者还通过设置一个惩罚参数计算最优的频谱感知时间,以最大化能量效率目标。

在文献[30]中,作者提出了一种基于动态规划理论的频谱感知调度算法,该算法同传统的感知调度算法相比较,在有限的时间内可以获得更多的频谱空洞。

在文献[31]中,作者提出了一种自适应频谱感知调度算法。在信道条件已知的情况下,该算法自适应的调度认知用户进行频谱感知或者数据传输。该算法可以在满足频谱检测目标的前提条件下,最小化因为感知而造成的认知网络吞吐量损失和传输时延。

1.2.2 机会式频谱接入的建模与认知业务性能分析

机会式频谱接入的建模与认知业务性能分析是近年来认知无线电网络中的研究热点。文献[32-33]利用连续马尔可夫链对基于机会式频谱接入的认知无线电网络中认知用户的接入过程进行建模,以分析认知用户的服务等级(Grade of Service,GoS)性能。并研究了如何利用信道预留策略来权衡阻塞概率和中断概率。

以我国台湾交通大学 Wang Li Chun 教授为首的研究小组所做的贡献中,在文献[34-35]中,作者研究了在不同的环境条件下,如何选取不同的频谱切换方法,即被动感知频谱切换或主动感知频谱切换,以降低认知用户的时延。在前面一种频谱切换方法中,认知用户在被授权用户中断之后,再对其他信道进行感知,选择合适的空闲信道切换接入。而在主动感知频谱切换方法中,认知用户在被授权用户中断之前,就对其他信道进行感知,并选择合适的切换信道。主动感知频谱切换方法相比较被动感知频谱切换方法,其优点是节省了感知时间,减小了认知用户因为切换而产生的时延。但是,提前获取的信道状态信息,在切换时可能会不正确,会加大对授权用户的干扰。在文献[36-37]中,作者探讨了如何利用马尔可夫传输模型和排队论的方法对认知无线电网络中的频谱切换问题进行建模,并分析因为频谱切换对次用户信号传输带来的延时效应。

在文献[38]中,作者研究了在频谱感知非理想的情况下,如何对机会式频谱接入进行建模和分析 GoS 性能,并且考虑了两种类型的接入错误。在第一种接入错误中,授权用户和认知用户都会因为冲突而中断;在第二种接入错误中,认知用户会因为冲突而中断,而授权用户会继续传输。

在文献[39]中,作者探讨了在不考虑切换的情况下,多个授权用户和认知用户同时接入到多个信道的网络场景,并依据初始条件的不同,提出了三种不同的机会式频谱接入算法,即授权用户随机接入算法、授权用户冲突避免算法和认知用户限制接入算法。并利用连续马尔可夫链分析认知用户的 GoS 性能。

在文献[40]中,作者提出了一种无偿频谱切换方法,以降低频谱切换造成的临时通信中断时间。在该方法中,作者提出了一种新的授权频谱估计方法,以估计授权用户下次到来的时间。同时,提出了两种切换信道选择算法,即基于传输概率的目标信道选择算法和基于信任度的目标信道选择算法,以决定切换到哪一个目标信道。

在文献[41]中,作者在假设认知用户只能感知出部分授权信道的情况下,提出了一种基于部分可观测马尔可夫链的频谱切换方法,以确定最优的目标切换信道,从而最小化因频谱切换所引起的时延。

在文献[42-43]中,作者分别针对有缓冲信道和没有缓冲信道的多跳认知无线电网络场景,利用连续马尔可夫链对机会式频谱接入技术建模,并进行 GoS 性能分析。推导出认知用户的阻塞概率、干扰概率、中断概率、传输未完成概率和等待时间的表达式。结果表明在多跳认知无线电网络中,频谱切换会对网络的连接性和路由造成严重的影响。

在文献[44]中,作者探讨了在多跳认知无线电网络中,如何调度整个网络中所有链路的频谱切换和路由,以最大化网络吞吐量和最小化切换时延。

在文献[45]中,作者探讨了频谱感知结果中虚警概率对频谱切换的影响,将该问题描述成一个优化问题,并求解出最优感知时间。

在文献[46]中,作者探讨了多跳认知无线电网络中,在没有控制信道的条件下,如何实现主动频谱切换的问题。并提出了一种认知用户切换同步策略和离散的切换信道选择策略,以避免认知用户在切换过程中引发的冲突。

在文献[47]中,作者研究了在多跳认知无线电网络中,当认知用户拥有相同的业务类型时,如何利用一个离散的三维马尔可夫链对切换过程进行建模,并对认知用户业务进行性能分析。

在文献[48]中,作者针对认知无线电网络中的主动切换问题,提出了一种切换目标信道选择序列选择算法,以最小化信道切换的错误概率。

在文献[49]中,作者研究了认知用户的移动性和授权用户的出现对认知用户的切换所造成的影响,并提出了三种随机算法,以避免认知用户在切换过程中切换到同一个空闲信道而造成冲突。

在文献[50]中,作者研究了认知用户具有不同的优先级的场景下,如何分析认知无线电网络的 GoS 性能。并研究了信道预留策略对 GoS 性能的影响。

1.2.3 认知无线电技术在毫微微蜂窝网络中的应用

认知无线电被认为是在未来无线通信中最有前景的技术之一。认知无线电技术在蜂窝网中的应用,特别是在毫微微蜂窝(femtocell)网络中的应用得到了学术界的广泛关注[51-52]。在认知毫微微蜂窝网络中:一方面,认知毫微微用户可以通过频谱感知获得更多的频谱机会;另一方面,认知毫微微用户还可以通过频谱感知调整传输参数,以减少毫微微蜂窝网中的跨层干扰和同层干扰[53]。因此,近年来,通过结合毫微微蜂窝网络技术与认知无线电技术来解决蜂窝网中的室内覆盖问题是学术界的研究热点。

在文献[53]中,作者讨论了毫微微蜂窝网络中的干扰问题。作者利用认知无线电技术以避免毫微微蜂窝用户和宏用户之间的跨层干扰,并基于战略博弈模型提出了一种干扰消除方法,以消除毫微微蜂窝之间的同层干扰。

在文献[54]中,作者讨论了认知毫微微蜂窝网络中下行链路的资源分配问题。宏基站被看作是主用户,认知毫微微蜂窝基站被认为是次用户;作者利用静态博弈框架来解决相应的下行链路资源分配问题。

在文献[55]中,作者依据认知毫微微蜂窝基站所获得的不同感知信息,提出了相应的频谱共享策略,并分析了采用不同频谱共享策略时,认知毫微微蜂窝网络的容量。

在文献[56]中,作者研究了认知毫微微蜂窝基站之间对频谱资源的竞争问题,并利用博弈论来解决相应的资源分配问题。

在文献[57]中,作者讨论了认知毫微微蜂窝网络中的可调整视频流问题。同时,作者考虑不同网络层次的设计参数,将问题描述成一个多阶段的随机规划问题,并求得相应的最优解。另外,作者提出一种启发式算法,以降低算法复杂度。

第 2 章

机会式频谱接入的基本理论

2.1 基于机会式频谱接入的认知无线电网络的系统架构

同普通的无线网络类似,基于机会式频谱接入的认知无线电网络的系统架构,可以划分为基于网络基础设施的认知无线电网络和自组织认知无线电网络两种。如图 2-1 所示,基于网络基础设施的认知无线电网络由多个认知用户和一个认知基站所组成。认知基站负责调度其覆盖范围内的所有认知无线电用户在授权频谱上进行频谱感知和通信。当考虑协作感知时,即多个认知用户会感知同一个授权信道时,每个认知无线电用户通过频谱感知获取本地感知结果后,通过专用的控制信道发送给认知基站。认知基站再对所有的本地感知结果,通过信息融合得到最终的感知结果。常用的数据融合方法有以下几种:"或"准则、"与"准则和"多数"准则。认知基站从不同的目的出发,可以选择不同的融合准则。

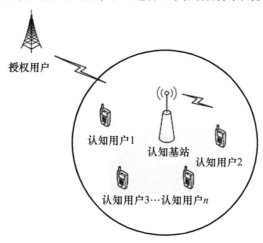

图 2-1 基于网络基础设施的认知无线电网络

例如,"或"准则对授权用户的保护效果最好,其判决准则为

$$Q_d = 1 - \prod_{i=1}^{n}(1 - P_{di}) \qquad (2.1)$$

$$Q_f = 1 - \prod_{i=1}^{n}(1 - P_{fi}) \qquad (2.2)$$

式中:n 为参加协作感知的用户个数;P_{di} 和 P_{fi} 分别表示第 i 个认知节点的检测概率和虚警概率。

通过观察以上公式,可以发现在"或"准则中,只要有一个认知用户的本地判决结果为授权用户出现,认知基站就判断授权用户出现。虽然此时对授权用户的保护效果最好,但是认知无线电网络也会因为认知用户的误判,牺牲了一部分可用频谱机会。协作感知可以有效地克服因为阴影效应造成的单个用户感知结果不够准确的问题,但是如何在认知无线电网络中找到一个专用的可靠的控制信道,是一个亟待解决的问题。

如图 2-2 所示,同基于网络基础设施的认知无线电网络相比较,自组织认知无线电网络中没有认知基站,是一种部署起来更灵活得多跳的自治系统。认知用户的频谱感知实现方式有两种:一种是分布式感知,认知用户之间需要交互信息,如本地感知结果和接入信息,来实现资源的合理分配和避免相互之间的干扰;另一种是自主式感知,认知用户独立地进行频谱感知和接入,从而实现与授权用户的频谱共享。这种方式更适合于军事通信,如美国国防部的下一代无线通信项目中的认知无线电网路即采用自主式频谱感知。

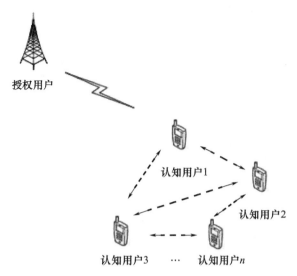

图 2-2 自组织认知无线电网络

2.2 频谱感知技术

认知用户在接入授权频谱之前,需要通过频谱感知以发现频谱空洞,并且在授权频谱上进行数据传输后,还需要通过周期性的感知判断授权用户是否返回,以避免对授权用户的干扰。因此,频谱感知技术是认知无线电网络的支撑技术之一[58]。

频谱感知可以被认为是如下的二元假设检测问题[59]:

$$\begin{cases} H_0: \text{授权信道空闲} \\ H_1: \text{授权信道忙碌} \end{cases} \quad (2.3)$$

在基于机会式频谱接入技术的认知无线电网络中,频谱感知需要频繁的执行,以及时的发现频谱空洞和授权用户是否返回。周期性频谱检测是基于机会式频谱接入的认知无线电网络所广泛采用的一种检测方法[14]。如图 2-3 所示,在周期性频谱检测方法中,认知网络从每一帧的帧头开始进行频谱检测,以确定授权信道的状态。并通过感知结果来决策在这一帧内是否传输数据。当频谱感知结果为 H_0,即授权信道空闲时,认知用户机会式接入该授权信道进行数据传输。而当频谱感知结果为 H_1 时,认知用户会暂停数据传输,以避免对授权用户的干扰。因此我们通常用两个重要的概率来衡量频谱检测性能:检测概率和虚警概率。其定义为

$$P_d = \text{prob}\{\text{Decision} = H_1 | H_1\} \quad (2.4)$$

$$P_f = \text{prob}\{\text{Decision} = H_1 | H_0\} \quad (2.5)$$

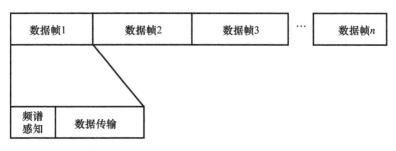

图 2-3 周期频谱感知

出于对授权用户保护的需要,我们希望检测概率越高越好,因为检测概率越大则对授权用户的保护越强,对授权用户产生干扰的概率越小。然而,出于认知无线电网络的角度考虑,则希望虚警概率越小越好。因为虚警概率越小,则出现频谱空洞的时候,认知无线电用户利用频谱空洞的概率越大,整个认知无线电网络的吞吐量越大。所以一个优秀的频谱检测技术,我们希望检测概率越大,虚警

概率越小。

对于认知用户发射机,最直接的频谱感知方式就是探测授权用户是否在自己的覆盖范围之内。如果不在,则可以使用相应的频谱空洞。但是在实际应用中,因为通常授权用户的接收机的地理位置是未知的,并且有些系统的授权用户接收机不会频繁发送数据,如电视机。因此,基于授权用户接收机的频谱检测技术,如本振泄露功率检测,有很大的局限性。所以,在学术界,学者们主要关注基于发射机的频谱感知方法,如匹配滤波器检测、能量检测和循环冗余特征检测。下面分别介绍这三种检测方法。

2.2.1 匹配滤波器检测

通常授权用户信号会传输一些特殊的控制信号,如导频信号、前导码或者训练序列,以实现同步和信道估计的功能。针对这些控制信号的特征信息,匹配滤波器检测通过相干检测来判决授权用户是否出现[60],其传输函数为

$$H(\omega) = KS^*(\omega)e^{-j\omega t_0} \tag{2.6}$$

式中:K 为常数;$S^*(\omega)$ 为输入信号频谱函数的复共轭。

当授权用户信号的信号特征信息已知时,匹配滤波器检测可以在很短的时间内获得很好的检测效果,但当授权用户特征信息未知时,匹配滤波器检测无法适用。并且,当认知用户需要针对多个拥有不同信号特征的授权用户进行频谱感知时,需要设计多个相应的匹配滤波器,实现复杂度非常高。同时,匹配滤波器检测作为一种相干检测方法,对相位同步要求很高,并且在低信噪比的条件下误差很大。

2.2.2 能量检测

在授权用户信号信息未知的条件下,能量检测方法是最优的频谱感知方法。其检测流程如图 2-4 所示。

图 2-4 能量检测流程图

令 $y(t)$ 是认知用户接收到的信号,经过采样后的信号为 $y(n)$,即[14]

$$y(n) = \begin{cases} u(n), & H_0 \\ u(n) + x(n), & H_1 \end{cases} \tag{2.7}$$

式中:$u(n)$ 表示均值为 0,方差为 σ_u^2 的实加性高斯白噪声;$x(n)$ 表示在认知用户接收端接收到的授权用户信号。

注意,式(2.7)中的 $x(n)$ 已经过信道衰落,因此式(2.7)中没有衰落因子 h,则能量检测器接收到的信号能量 $T(y)$ 可以通过下式确定:

$$T(y) = \sum_{n=1}^{m} |y(n)|^2 \tag{2.8}$$

式中:m 为采样点数。

将 $T(y)$ 跟预先设定的阈值 λ 比较,以判决授权用户是否出现:

$$D = \begin{cases} H_0, T(y) < \lambda \\ H_1, T(y) > \lambda \end{cases} \tag{2.9}$$

当采样点数 m 足够大时,能量检测器接收到的信号能量服从如下分布[14]:

$$T(y) \sim \begin{cases} N\left(\sigma_x^2, \dfrac{2\sigma_x^4}{m}\right), & H_0 \\ N\left[\sigma_x^2(1+\gamma), \dfrac{2\sigma_x^4(1+2\gamma)}{m}\right], & H_1 \end{cases} \tag{2.10}$$

式中:γ 表示在认知用户接收端的信噪比;$N(\cdot)$ 表示高斯分布。

假设 $x(n)$ 和 $y(n)$ 均是均值为 0 独立同分布的随机过程,则检测概率和虚警概率可以通过下式确定[61]:

$$P_\text{d} = \frac{\Gamma(m/2, \lambda/(2+2\lambda))}{\Gamma(m/2)} \tag{2.11}$$

$$P_\text{f} = \frac{\Gamma(m/2, \lambda/2)}{\Gamma(m/2)} \tag{2.12}$$

式中:$\Gamma(\cdot)$ 和 $\Gamma(\cdot,\cdot)$ 分别为 gamma 函数和不完全 gamma 函数,如下式所示:

$$\Gamma(\alpha) = \int_0^\infty t^{\alpha-1} e^{-t} dt \tag{2.13}$$

$$\Gamma(\alpha, x) = \int_x^\infty t^{\alpha-1} e^{-t} dt \tag{2.14}$$

能量检测算法的缺陷在于对信噪比条件很敏感,在低信噪比条件下,检测性能较差。

2.2.3 循环平稳特征检测

经过调制后,无线信号的均值和自相关函数都具有周期性,而噪声是不相干广义平稳信号,因此循环平稳特征检测算法可以通过分析被检测信号的频谱自相关函数把噪声能量和授权用户的能量区分开来[62]。假设循环平稳信号 $x(t)$ 的周期为 T_0,则其自相关函数 $R_x(t,\tau)$ 满足

$$R_x(t,\tau) = R_x(t+T_0,\tau) \tag{2.15}$$

对采样后的离散信号 $x(n)$,定义其循环自相关函数为

第 2 章 机会式频谱接入的基本理论

$$R_x^\alpha(k) = \lim_{N \to \infty} \frac{1}{2N+1} \sum_{n=-N}^{N} [x(n+k) e^{-j\pi\alpha(n+k)}][x(n) e^{-j\pi\alpha n}] \quad (2.16)$$

对 $R_x^\alpha(k)$ 进行离散傅里叶变换，得到相关函数谱：

$$S_x^\alpha(f) = \sum_{k=-\infty}^{\infty} R_x^\alpha(k) e^{-j2\pi f k} \quad (2.17)$$

通过相关函数谱判断授权用户是否出现，其判决方法为

$$s_x^\alpha(f) = \begin{cases} s_n^\alpha(f), & \alpha = 0, H_0 \\ |H(f)| s_s^\alpha(f) + s_n^\alpha(f), & \alpha = 0, H_1 \\ 0, & \alpha \neq 0, H_0 \\ H\left(f + \frac{\alpha}{2}\right) H^*\left(f - \frac{\alpha}{2}\right) s_s^\alpha(f), & \alpha \neq 0, H_1 \end{cases} \quad (2.18)$$

循环平稳特征检测可以在低信噪比的环境下有效区分噪声和被检测信号，但是计算复杂度高，并且需要多个周期的检测时间。

2.3 机会式频谱接入的建模与服务等级性能分析

近年来，利用各种数学方法对机会式频谱接入过程进行建模和性能分析得到了大家的广泛关注。例如：利用排队论来分析基于机会式频谱接入的认知无线电网络中，认知用户的时延特性；利用连续马尔可夫链分析认知用户的 GoS 性能等。这些理论分析对保障认知用户的通信性能和指导认知无线电网络的实际部署都有重要的意义。本节讨论如何利用连续马尔可夫链来分析认知用户的 GoS 性能。

2.3.1 基于连续马尔可夫链的机会式频谱接入模型

假设授权用户和认知用户每次传输占用一个授权信道。图 2-5 描述了机会式频谱接入技术中授权用户和认知用户的接入过程。如图 2-5 所示，在 t_0 时刻，有多个授权用户和认知用户同时接入到授权信道中，共享授权频谱。在 t_1 时刻，一个新的授权用户接入授权频谱，并从所有未被其他授权用户占用的信道中随机选择一个接入。此时，该授权用户选择了一个已被认知用户所占用的授权信道。因为在机会式频谱接入策略中授权用户对授权信道的使用优先级高于认知用户，此时认知用户为了避免对授权用户的干扰，必须立即停止传输退出该信道，将该授权信道交回授权用户使用。此时，如果不考虑切换，认知连接被中断。在 t_2 时刻，一个新的认知用户呼叫企图接入授权频谱，但此时所有信道均被占用，并且认知用户的接入优先级低于授权用户，认知用户不能中断授权用户链接。因此，在 t_2 时刻，该认知用户呼叫被阻塞。

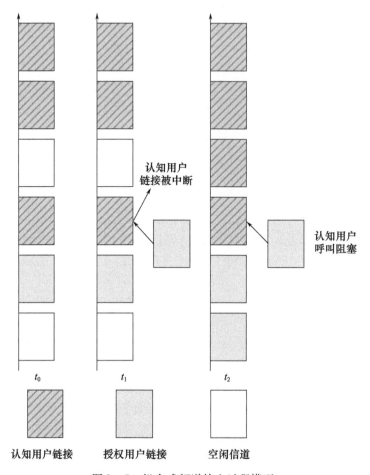

图 2-5 机会式频谱接入过程模型

定义主用户和认知用户呼叫的平均到达速率分别为 λ_p 和 λ_s，主用户和认知用户的平均服务时间为 μ_p^{-1} 和 μ_s^{-1}。利用连续马尔可夫链对机会式频谱接入进行建模，其状态转移速率图如图 2-6 所示。其中，马尔可夫链模型中的状态定义为 (i,j)。i 表示授权频谱中的授权用户个数，j 表示授权频谱中的认知用户个数。从状态 (i,j) 出发，当一个新的授权用户呼叫接入授权信道时，其随机选择一个未被授权用户占用的信道。此时，选择已被认知用户所占用的授权信道的概率为 $j/N-i$，因此从状态 (i,j) 转移到 $(i+1,j-1)$ 的速率为 $\lambda_p j/N-i$。而新到的授权用户呼叫接入到空闲的授权信道的概率为 $N-i-j/N-i$，则状态 (i,j) 转移到 $(i+1,j)$ 的速率为 $\lambda_p(N-i-j)/N-i$。当 j 个认知用户中任意一个传输完数据退出信道时，会引发状态 (i,j) 转移到 $(i,j-1)$，此时的转移速率为 $j\mu_s$。同理，状态 (i,j) 转移到 $(i-1,j)$ 的转移速率为 $i\mu_p$。

根据流动守恒原理,可以通过求解如下马尔可夫链平衡方程来计算马尔可夫链的平稳状态概率 $P(i,j)$ [63]:

$$\{iu_p + ju_s + [1-\delta(N-i-j)]\lambda_s + [1-\delta(N-i-j)]\lambda_p\}P(i,j)$$
$$= (i+1)u_p[1-\delta(i+j-N)]P(i+1,j)$$
$$+ (j+1)u_s[1-\delta(i+j-N)]P(i,j+1)$$
$$+ \left[\frac{N-(i-1)-j}{N-(i-1)}\right]\lambda_p[1-\delta(i)]P(i-1,j)$$
$$+ \left[\frac{j+1}{N-(i-1)}\right]\lambda_p[1-\delta(i)]P(i-1,j+1)$$
$$+ \lambda_s[1-\delta(i)]P(i,j-1) \qquad (2.19)$$

$$\sum_i \sum_j P(i,j) = 1 \qquad (2.20)$$

针对上面的马尔可夫链的平稳方程,因为是一个线性方程组,可以很容易地通过一些常用的算法来求解,以获得马尔可夫链的平稳状态概率,如高斯消元法、逐次超松弛迭代法等[50]。

2.3.2 服务等级性能分析

在蜂窝网络中,衡量业务服务质量的指标主要有 QoS(Quality of Service,服务质量)和 GoS 两种[50,64],其中 QoS 主要表征一个业务链接的需求,如业务响应时间、丢包率、信噪比、串话率等。在蜂窝网络中,通常我们赋予不同类型的业务不同的 QoS,从而赋予它们不同的优先级,来满足不同类型的业务的不同的性能需求。例如,赋予不同的业务数据连接不同的比特速率、延时或者比特错误率等。QoS 主要用于在数据帧这个层次上来评估业务的服务质量。同 QoS 不同,GoS 主要用于在会话层来衡量业务的服务质量,通过会话阻塞概率和中断概率这两个重要的参数来体现[50,65]。认知链接阻塞概率定义为一段时间 T 内,被阻塞的认知链接的个数占时间 T 内所有的认知链接个数的比例[50,63]。而认知链接中断概率定义为一段时间 T 内,被中断的认知链接的个数占时间 T 内所有的认知链接个数的比例[50,63]。

获得马尔可夫链的平稳状态概率之后,可以利用它来分析认知蜂窝网系统的 GoS 性能。这里首先考虑认知链接中断概率。如图 2-6 所示,无论是否有信道空闲,在任何 $j \neq 0$ 的状态中,在主用户授权信道上工作的认知链接都有可能被主用户打断。并且因为此时不考虑跳转,认知用户被打断后,即使有其他空闲信道,认知用户链接也将被中断。以状态 (i,j) 为观察点,在时间 T 内到达的认知链接个数为 $\lambda_s T$,同时在这段时间内抵达的主用户链接个数为 $\lambda_p T$。主用户链接随机占用认知链接已占用的主用户授权信道的概率为 $j/M-i$,因此认知链接中断概率 $P_{\text{drop},s}$ 可以通过下式确定[63]:

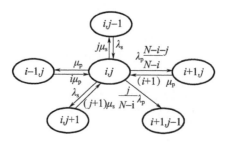

图 2-6 马尔可夫链状态转移速率图

$$P_{\text{drop},s} = \sum_{\substack{i,j,j\neq 0 \\ i+j \leqslant N}} \frac{j\lambda_p P(i,j)}{(N-i)\lambda_s} \tag{2.21}$$

当且仅当所有的信道都被占用时,新到的认知链接会发生阻塞,因此认知链接的阻塞概率可由下式确定[63]:

$$P_{\text{block},s} = \sum_{\substack{i,j \\ i+j=N}} P(i+j) \tag{2.22}$$

2.4 小结

本章主要介绍了基于机会式频谱接入的认知无线电网络的系统架构。并给出了几种常用的物理层频谱感知技术,以及如何对机会式频谱接入建模,并进行 GoS 性能分析,以为后面的章节提供理论依据。

第 3 章

机会式频谱接入中的频谱感知调度问题研究

本章考虑当认知无线电网络中存在多个不同业务类型的授权用户,并且认知用户经历时变信道的网络场景。研究如何调度认知用户在不同的授权信道上进行感知和传输,以获得更高的网络吞吐量,并且保证认知用户之间的公平性。本章提出了一种新的基于信息预测的频谱感知调度策略,在该策略中,我们通过马尔可夫链来预测认知用户的信道状态信息。并利用授权用户的业务特征信息,通过生灭过程预测授权信道在下一帧空闲的概率。通过这些预测信息,调度认知用户在不同的授权信道上进行感知和传输。首先,在频谱感知调度策略中,考虑网络吞吐量和公平性这两个重要网络指标,并把该调度策略描述成一个优化问题;然后,通过匈牙利算法求出该优化问题的最优解;最后,通过开展蒙特卡罗仿真实验,以评估所提出策略的性能。仿真结果表明:本章提出的基于信息预测的频谱感知调度策略可以很好地权衡网络吞吐量和公平性这两个指标,在保证认知用户之间的公平性的同时,获得较高的网络吞吐量。

3.1 引言

认知无线电网络中机会式频谱接入技术作为一种为解决由传统的频谱固定分配制度所引起的频谱资源匮乏问题的新型通信技术,在利用频谱空洞提高频谱资源利用率的同时,前提条件是不能对授权用户产生干扰。因此,检测频谱是否空闲,即频谱感知能力是认知无线电网络工作的前提条件,也是认知无线电网络的支撑技术。频谱感知的实现包含有两个网络层次:物理层感知和 MAC 层感知[12]。

物理层感知主要关注如何通过信号检测算法来检测接收到的授权用户信号,从而判别授权信道是否空闲。MAC 层感知则主要关注频谱感知调度策略,即调度认知用户在何时去感知接入哪一些授权信道,从而获得较好的网络性能,如网络吞吐量、时延等[66]。在近年来,认知无线电网络中的 MAC 层感知调度问题,引起了学术界的广泛关注。在文献[12]中,作者提出了一种估计授权用户业务特征的方法,并利用授权用户的业务特征信息,设计了一种频谱调度策略,从而在相同的时间内,获得最多的频谱空洞。在文献[27]中,作者基于授权信道的频谱相关性,提出了一种频谱感知调度策略,以获得网络吞吐量增益。在文献[28]中,作者利用隐马尔可夫链来预测授权信道是否空闲,并提出了一种频谱感知调度算法,以决定认知用户在某一时刻是进行频谱感知或者数据传输。该算法在保证对主用户的干扰在一定阈值内的同时,最大化认知网络吞吐量。在文献[30]中,作者提出了一种基于动态规划理论的频谱感知调度算法,该算法同传统的感知调度算法相比较,在有限的时间内可以获得更多的频谱空洞。在文献[31]中,作者提出了一种自适应的频谱感知调度算法。在信道条件已知的情况下,该算法自适应的调度认知用户进行频谱感知或者数据传输。该算法可以在满足频谱检测目标的前提条件下,最小化因为感知而造成的认知网络吞吐量损失和传输时延。

与已有工作不同,我们考虑一个更实际的网络场景,即当认知无线电网络中存在多个不同业务类型的授权用户,并且认知用户经历时变信道的实际应用场景。在该场景中,我们同时考虑网络吞吐量和公平性这两个重要的网络指标,研究相应的频谱感知调度策略。

本章节主要内容的贡献如下。

(1)本章考虑当认知无线电网络中存在多个不同业务类型的授权用户,并且认知用户经历时变信道的网络场景。基于该网络场景,本章提出了一种新的基于信息预测的频谱感知调度策略。在该策略中通过马尔可夫链来预测认知用户的信道状态信息。并利用授权用户的业务特征信息,通过生灭过程预测授权信道在下一帧空闲的概率。通过这些预测信息调度认知用户在不同的授权信道上进行感知和传输,并且在频谱感知调度策略中,同时考虑网络吞吐量和公平性这两个重要的网络指标。

(2)本章将所提出的调度策略描述成一个优化问题,并通过匈牙利算法求出该优化问题的最优解。

(3)通过开展蒙特卡罗仿真实验,以评估所提出策略的性能。仿真结果表明:本章提出的基于信息预测的频谱感知调度策略可以很好地权衡网络吞吐量和公平性这两个指标,在保证认知用户之间的公平性的同时,获得较高的网络吞吐量。

本章内容组织结构如下:3.2 节给出了网络场景与系统模型;3.3 节提出了一种新的基于信息预测的频谱感知调度策略;3.4 节通过仿真来验证所提算法

的性能;3.5 节对本章节内容进行了总结。

3.2 网络场景与系统模型

本节首先给出系统模型;然后介绍系统所采用的能量检测算法,对认知用户时变信道和授权用户业务特征进行建模,并预测下一帧认知用户的信道状态信息和授权用户工作的概率。

3.2.1 网络场景

如图3-1所示,考虑一个集中式的认知网络与多个授权用户共存的网络场景。一共有 K 个授权用户,每个授权用户都有自己独立的授权信道,并且每个授权用户的业务类型不同。认知网络包含有一个认知基站和 N 个认知用户,认知基站调度认知用户在不同的授权信道上进行感知和接入。当通过频谱感知发现授权信道空闲时,认知用户和认知基站利用该授权信道进行通信,并且认知用户在相邻的不同帧中经历时变信道。

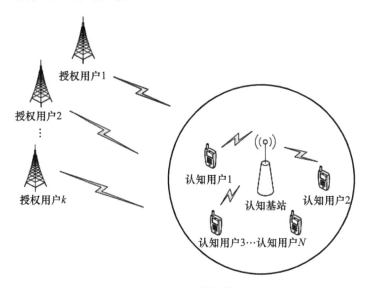

图 3-1 网络场景

通过观察图3-1可以发现,在该场景下对认知用户进行频谱感知调度有如下挑战:首先,如果当认知用户的信道条件较差时,调度该用户进行感知和接入,会获得较差的网络吞吐量性能;其次,相比较位于认知基站附近的认知用户来说,位于认知网络边缘的认知用户的信道条件通常较差,如果频繁的调度信道条件好的用户去感知和接入,认知网络边缘的认知用户的通信性能将得不到保障,认知用户之间的公平性也难以保证;最后,当某个认知用户信道条件较好,并且已获得的吞吐量较少时,调度该认知用户去感知接入一个业务很繁忙的授权信道,认知网络吞吐量和认知用户之间的公平性都会较差。

针对以上问题,本节提出一种基于信息预测的频谱感知调度策略,该策略在最大化认知无线网络吞吐量的同时,提高网络边缘用户的吞吐量,从而保证认知用户之间的公平性。这里首先介绍物理层所使用的能量检测算法;然后对认知用户时变信道和主用户业务特征进行建模,并做出相应估计。

3.2.2 能量检测

频谱感知可以被认为是如下的二元假设检测问题:

$$\begin{cases} H_0: 授权信道空闲 \\ H_1: 授权信道忙碌 \end{cases} \quad (3.1)$$

频谱感知需要频繁的执行,以及时的发现频谱空洞和保护授权用户。周期性频谱检测是基于机会式频谱接入的认知无线电网络所广泛采用的一种检测方法。在周期性频谱检测方法中,每一帧的帧头,认知网络进行频谱检测,以确定授权信道的状态。并通过感知结果来决策在这一帧内是否传输数据。当频谱感知结果为 H_0,即授权信道空闲时,认知用户机会式接入该授权信道进行数据传输。而当频谱感知结果为 H_1 时,认知用户会暂停数据传输,以避免对授权用户的干扰。当认知网络中存在多个授权用户时,此时周期性频谱检测如图3-2所示。因为每个授权用户都拥有独立的授权信道,而每个授权用户与认知用户的距离都不相同,所以认知用户接收到的不同授权用户的信号信噪比不同,每个授权信道所需要的最小感知时间也都不同。

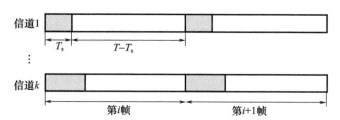

图3-2 多个不同类型授权用户时的周期频谱感知

在能量检测算法中,认知用户接收到授权用户信号后,首先进行采样,采样后的信号为[14]

$$y(n) = \begin{cases} u(n), & H_0 \\ u(n) + x(n), & H_1 \end{cases} \quad (3.2)$$

式中:$u(n)$ 表示均值为0,方差为 σ_u^2 的实加性高斯白噪声;$x(n)$ 表示在认知用户接收端接收到的主用户信号。

注意,这里的 $x(n)$ 已经过信道衰落,因此式(3.2)中没有衰落影子 h。

假设 $x(n)$ 是一个 BPSK 调制的,独立同分布的随机过程,其均值为 0,方差为 σ_x^2。当采样点数 S 足够大时,能量检测器接收到的信号能量服从如下分布[14]：

$$T(y) \sim \begin{cases} N\left(\sigma_x^2, \dfrac{2\sigma_x^4}{m}\right), & H_0 \\ N\left(\sigma_x^2(1+\gamma), \dfrac{2\sigma_x^4(1+2\gamma)}{m}\right), & H_1 \end{cases} \quad (3.3)$$

式中:γ 表示在认知用户接收端接收到的授权用户的信噪比;$N(\cdot)$ 表示高斯分布。

检测概率和虚警概率可以通过下式确定[14]：

$$P_d = Q\left[\left(\dfrac{\lambda}{\sigma_x^2} - 1 - \gamma\right)\sqrt{\dfrac{S}{2(1+2\gamma)}}\right] \quad (3.4)$$

$$P_f = Q\left[\left(\dfrac{\lambda}{\sigma_x^2} - 1\right)\sqrt{\dfrac{S}{2}}\right] \quad (3.5)$$

其中

$$Q(t) = \dfrac{1}{\sqrt{2\pi}}\int_t^\infty \exp\left(-\dfrac{x^2}{2}\right)dx \quad (3.6)$$

定义 τ 为感知间隔,则为了达到目标检测效果 $(\overline{P}_d, \overline{P}_f)$,所需要的最小感知时间可以通过下式确定[14]：

$$T_s = \dfrac{4\gamma}{\gamma^2}[Q^{-1}(\overline{P}_f) - \sqrt{1+2\gamma}\,Q^{-1}(\overline{P}_d)]^2 \quad (3.7)$$

3.2.3 信道模型与信道状态信息预测

假设图 3-1 中的认知无线电网络是一个频分双工系统,而我们主要关注上行链路。所有的认知用户在相邻的不同帧中经历时变信道,在同一帧内信道条件不变。这里利用有限状态的马尔可夫链来对时变信道进行建模[31,67]：

$$p(m^{i-1}, m^i) = 0, \quad |m^i - m^{i-1}| \geq 2 \quad (3.8)$$

式中:$1 \leq m \leq M$;i 是帧的标号;有限状态马尔可夫链中的 M 个状态之间的转移概率 $\{p(m^{i-1}, m^i)\}$,可以通过长期观测获得[35,71]。

认知用户在每一帧的帧头进行频谱感知后,进行信道估计。其过程如下:首先认知用户在空闲的授权信道上发送探测包给认知基站,认知基站接收到探测包后,测量上行链路的信道状态,并反馈信道状态信息给认知用户。依据当前时刻认知用户的信道状态信息,我们可以预测通过马尔可夫链预测下一时刻认知用户的信道状态信息。假设第 n 个认知用户在当前帧的信道状态为有限状态马尔可夫链的第 m 个状态,认知用户根据信道状态信息,采用自适应调制技术后,对应的传输速率为 $R_n(m)$[31,68]。我们可以利用有限状态马尔可夫链来估计认知用户下一帧的信道状态信息,并确定其相对应的期望传输速率:

$$r_n^i = \sum_{m^i=1}^{M} R_n(m) \cdot p(m^{i-1}, m^i) \tag{3.9}$$

3.2.4 授权用户业务特征建模与授权信道空闲概率估计

如图 3-3 所示,这里利用半马尔可夫过程对授权用户的业务特征进行建模[12]。状态 ON 表示授权用户在授权信道上工作,即授权信道忙。状态 OFF 表示授权信道空闲,认知用户可以接入。假设第 k 个授权信道在状态 ON 和状态 OFF 的持续时间分别为 T_{ON}^k 和 T_{OFF}^k。它们服从独立的指数分布,概率密度函数为[12,28]

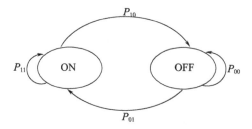

图 3-3 授权用户业务模型

$$\begin{cases} f_{T_{OFF}^k}(x) = \lambda_{OFF}^k e^{-\lambda_{OFF}^k x}, x > 0 \\ f_{T_{ON}^k}(y) = \lambda_{ON}^k e^{-\lambda_{ON}^k y}, y > 0 \end{cases} \tag{3.10}$$

式中:$1/\lambda_{ON}$ 和 $1/\lambda_{OFF}$ 分别为状态 ON 和状态 OFF 的平均持续时间,可以通过长期观测和一些现有的算法[12,28]估计出来。

假设 $1/\lambda_{ON}$ 和 $1/\lambda_{OFF}$ 同感知时间相比较都足够大,从而保证在感知时间内授权信道的状态不会发生改变。

如图 3-3 所示,因为半马尔可夫过程中仅有 ON 和 OFF 两个状态,我们可以通过生灭过程确定半马尔可夫过程的转移概率,即[12]

$$\begin{aligned} P_{00}^k(T) &= \lambda^k + (1-\lambda) e^{-(\lambda_{ON}^k + \lambda_{OFF}^k)T} \\ P_{01}^k(T) &= 1 - P_{00}^k(T) \\ P_{10}^k(T) &= \lambda^k - \lambda^k e^{-(\lambda_{ON}^k + \lambda_{OFF}^k)T} \\ P_{11}^k(T) &= 1 - P_{10}^k(T) \end{aligned} \tag{3.11}$$

式中:$\lambda^k = \frac{\lambda_{\text{ON}}^k}{\lambda_{\text{ON}}^k + \lambda_{\text{OFF}}^k}$;$T$ 表示一帧的时间长度。

接下来,可以预测授权信道 k 在第 i 帧空闲的概率 $P_k^i(H_0)$,即

$$P_k^i(H_0) = \begin{cases} \lambda^k + (1-\lambda^k)e^{-(\lambda_{\text{ON}}^k + \lambda_{\text{OFF}}^k)T}, & s_k^{i-1} = 0 \\ \lambda^k + \lambda^k e^{-(\lambda_{\text{ON}}^k + \lambda_{\text{OFF}}^k)T}, & s_k^{i-1} = 1 \end{cases} \quad (3.12)$$

式中:s_k^{i-1} 表示授权信道 k 在第 $i-1$ 帧的状态,可以通过在第 $i-1$ 帧的频谱感知来确定。

3.3 基于信息预测的频谱感知调度策略

本节基于上面章节所估计出的认知用户信道状态信息和授权信道空闲概率,提出一种基于信息预测的频谱感知调度策略:首先将该调度策略并描述成一个优化问题;然后,求出该优化问题的最优解。

3.3.1 优化问题建模

因为比例公平模型可以在集中式网络中很好的权衡吞吐量和公平性[69],而我们提出的频谱感知调度策略需要同时考虑认知网络的吞吐量和认知用户之间的公平性,因此采用比例公平模型来建立目标函数,并将所提出的基于信息预测的频谱感知调度策略描述成如下优化问题:

$$\begin{aligned} & \max_{\Theta} \sum_{n=1}^{N} \sum_{k=1}^{K} u_{kn}^i \frac{U_{kn}^i}{\overline{U}_n} \\ & \text{s. t.} \sum_{n=1}^{N} u_{kn}^i \leq 1, \forall k, i \\ & \sum_{k=1}^{K} u_{kn}^i \leq 1, \forall n, i \end{aligned} \quad (3.13)$$

式中:$\Theta = \{u_{kn}^i\}_{K \times N}$ 表示所有的可行的信道分配集合;$u_{kn}^i = 1$ 表示第 n 个认知用户被调度到 k 个授权信道上进行频谱感知。否则,$u_{kn}^i = 0$。$\overline{U}_n$ 表示第 n 个认知用户在第 i 帧以前所获得的平均吞吐量,并且在认知基站处 $\overline{U}_n$ 是已知的。u_{kn}^i 表示当第 n 个认知用户被调度到第 k 个授权信道上进行频谱感知和接入时的期望吞吐量,可以通过下式确定:

$$U_{kn}^i = \frac{T - T_s^k}{T} r_{n0}^i (1 - P_f) P_{nk}^i(H_0) + \frac{T - T_s^k}{T} r_{n1}^i (1 - P_d) P_{nk}^i(H_1) \quad (3.14)$$

式中:r_{n0}^i 和 r_{n1}^i 是期望传输速率,可以通过式(3.9)确定;T_s^k 表示授权信道 k 所需

要的频谱感知时间；$P_{nk}^i(H_0)$ 和 $P_{nk}^i(H_1)$ 是授权信道 k 在第 i 帧空闲或者忙的概率。

因为 $P_d > P_f$，且 $r_{n0}^i > r_{n1}^i$，所以式(3.14)的第一项的值远大于第二项。同时，当漏检事件发生时，即使认知网络获得了吞吐量，但因为跟授权用户信号之间的干扰碰撞，也会被丢弃。因此，我们只考虑成功传输的认知网络的吞吐量，U_{kn}^i 可以表示为

$$U_{kn}^i = \frac{T - T_s^k}{T} r_{n0}^i (1 - P_f) P_{nk}^i(H_0) \tag{3.15}$$

定义 $B = \frac{T - T_s^k}{T}(1 - P_f)$，则优化问题式(3.13)可以转化为

$$\max_{\Theta} \sum_{n=1}^{N} \sum_{k=1}^{K} \sum_{m^i=1}^{M} u_{kn}^i \frac{B R_n(m) p(m^{i-1}, m^i) P_{nk}^i(H_0)}{\overline{U_n}} \tag{3.16}$$

$$\text{s. t.} \sum_{n=1}^{N} u_{kn}^i \leq 1, \forall i, k \tag{3.17}$$

$$\sum_{k=1}^{K} u_{kn}^i \leq 1, \forall i, n \tag{3.18}$$

其中，式(3.17)表示两个认知用户不能同时使用同一个授权信道，式(3.18)表示受硬件条件限制，在一帧内每个认知用户只能感知和接入一个授权信道。

3.3.2 优化问题求解

如图3-4所示，本小节将上面的优化问题描述成一个最大化权重的双向配对问题。这里构造一个双向配对图 $A = (S_1 \times S_2, E)$，其中 S_1 和 S_2 分别表示认知用户集合和授权信道集合。通过在集合 S_2 中添加空元素让两个集合中的元素个数相等。E 表示 S_1 和 S_2 中的点的所有连接线的集合。每根连接线的权重设置为 $\omega_{kn}^i = \mu_{kn}^i \frac{U_{kn}^i}{\overline{U_n}}$。接下来就可以把图3-3所示的最大化权重的双向配对问题转化成一个典型的指派问题：

$$\min_{\Theta} \sum_{n=1}^{N} \sum_{k=1}^{K} -Z_{kn}^i$$

$$\text{s. t.} \sum_{n=1}^{N} u_{kn}^i \leq 1, \forall k, i \tag{3.19}$$

$$\sum_{k=1}^{K} u_{kn}^i \leq 1, \forall n, i$$

式中：Z 为价值系数矩阵，$Z_{kn}^i = -\omega_{kn}^i$。

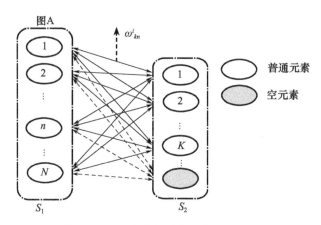

图 3-4 最大化权重的双向配对问题

对于指派问题,我们可以利用匈牙利算法在多项式时间内求得最优解[70-71]。匈牙利算法的求解步骤如下:

步骤 1:在每一行,将所有元素减去这一行最小的元素。

步骤 2:在每一列,将所有元素减去这一列最小的元素。

步骤 3:进行试指派,用最少数量的连接线,覆盖价值系数矩阵中所有的 0 元素。

步骤 4:如果最小连接线的数量等于 N,则该指派方案就是最优解。如果小连接线的数量小于 N,则该指派方案不是最优方案,执行步骤 5。

步骤 5:找到没有被任何连接线覆盖的最小的元素。将没有被覆盖的行和列中的所有元素减去该最小元素,并返回步骤 3。

综上所述,基于信息预测的频谱感知调度策略流程图,如图 3-5 所示。

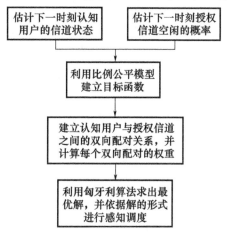

图 3-5 基于信息预测的频谱感知调度策略的流程图

3.4 仿真结果及性能分析

3.4.1 仿真环境设置

本节为了评估所提出的基于信息预测的频谱感知调度策略(Prediction Scheduling,PS)的性能,我们通过蒙特卡洛仿真实验将所提出的策略同以下调度策略进行比较。

(1)随机调度(Random Scheduling,RS):随机调度认知用户到授权信道上进行感知和接入。

(2)基于最大化吞吐量的调度策略(Maximize Throughput Scheduling,MTS):调度认知用户到授权信道上进行感知和接入,以获得最大的网络吞吐量。

(3)传统的比例公平调度策略(Conventional Proportional Fair Scheduling,CPFS):遵循同 PS 策略类型的比例公平规则,但是没有对授权信道是否空闲进行预测。此时,$U_{kn}^i \doteq \dfrac{T - T_s^k}{T} r_n^i (1 - P_f)$。

在仿真实验中,认知用户集合被分为两个子集,一个子集包含信道条件较好的认知用户,通常他们都位于基站附近,通过自适应调制技术他们可以用较高的速率来传输数据。类似于 IEEE 802.11g,我们设定信道条件较好的用户的传输速率共有 5 种状态,分别是 6Mb/s、9Mb/s、12Mb/s、18Mb/s、24Mb/s。另一个子集包含信道条件较差的认知用户,通常位于认知网络的边缘,其对应的 5 种传输速率状态分别是 1Mb/s、2Mb/s、6Mb/s、9Mb/s、12Mb/s。授权信道的业务特征参数如表 3-1 所列。为了体现主用户业务在时域上的变化,每 1000 帧,参数 $(\lambda_{ON}^k, \lambda_{OFF}^k)$ 增大或者减 10%。每一帧的持续时间为 0.2s。目标检测概率和虚警概率设置为 $(P_d, P_f) = (0.9, 0.1)$。每次实验 10000 帧,并重复 10 次,以获得平均性能。

表 3-1 授权信道业务特征参数

信道	1	2	3	4	5	6
$1/\lambda_{ON}$	1.0	6.0	4.0	3.0	1.0	0.5
$1/\lambda_{OFF}$	5.0	1.0	0.5	3.0	2.0	4.5

3.4.2 仿真结果与性能评估

图 3-6 描述了在认知用户个数一定的情况下,即 $N = 6$ 时,所有感知调度策略的网络吞吐量性能。从图 3-6 可以看出,MTS 策略性能最好,所提出的 PS

其次,同 RS 相比较,当 $K \leqslant 5$ 时,CPFS 可以获得更多的网络吞吐量。当 $K=6$ 时,CPFS 比 RS 性能差,并且在四种调度算法中性能最差。同时随着 K 的增大,因为调度空间的增大,本章所提出的 PS 同 CPFS 相比较,性能增益也在不断增大。通过以上观测,我们可以发现授权用户业务特征在感知调度策略中的重要性。因为没有考虑授权用户的业务特征信息,CPFS 性能较差,当 $K=6$ 时获得的网络吞吐量,甚至比 RS 还要差。

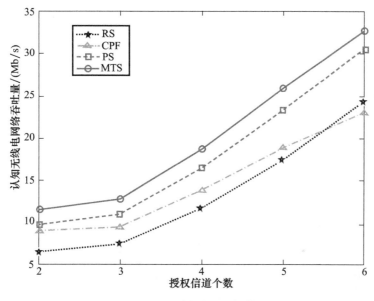

图 3-6 网络吞吐量性能

如图 3-7 所示,我们评估了四种调度策略的公平性性能。这里可以利用 Jain 公平因子来评价认知用户之间的公平性[76]:

$$f = \frac{(\sum_{n=1}^{N} \overline{x_n})^2}{N \sum_{n=1}^{N} \overline{x_n^2}} \quad (3.20)$$

式中:$\overline{x_i}$ 表示第 i 个用户的平均吞吐量。

由图 3-7 可以看出,PS 的公平性性能最好。虽然 MTS 策略可以在四种调度策略中获得最大的网络吞吐量,但是它的公平性较差,特别是当 $K \leqslant 5$ 时,MTS 的公平性在四种调度策略中最差。例如,当 $K=4$ 时,MTS 中认知用户之间的公平性性能只有 0.56,而我们提出的 PS 可以达到 0.9。以上结果表明,同 MTS 相比较,这里所提出的 PS 可以获得明显的公平性性能增益,MTS 最大化了认知网络的网络吞吐量,但是牺牲了认知用户之间的公平性。同 CPFS 相比较,当 K 增大时,PS 可以获得更高的公平性性能增益。例如,当 $K=6$ 时,PS 所获得的公平性指标是 0.9,但是 CPFS 所获得的公平性性能却随着 K 的增大而减小。当 K = 6 时,CPFS 的公平性指标为 0.65,在四种调度策略中的公平性最差,比 MTS 都要差,这是因为 CPFS 没有利用授权用户的业务特征信息。当某个认知用户信道条件较好,并且已获得的吞吐量较少时,调度该认知用户去感知接入一个业务很繁忙的授权信道,此时认知用户之间的公平性反而会变差。当 K 增大时,授权用户的业务特征信息之间的差异性对算法性能的影响更大,而 CPFS 没有利用授权用户的业务特征信息,因此 CPFS 的公平性性能会变差。通过同时观察图 3-6 和图 3-7 可以发现,所提出的 PS 同 CPFS 和 RS 相比较,可以获得更多的吞吐量和更好的公平性。所提出的 PS 同 MTS 策略相比较,在牺牲了少量的网络吞吐量的条件下,可以获得好得多的公平性。PS 可以很好地权衡网络吞吐量和认知用户之间的公平性这两个重要系统指标。

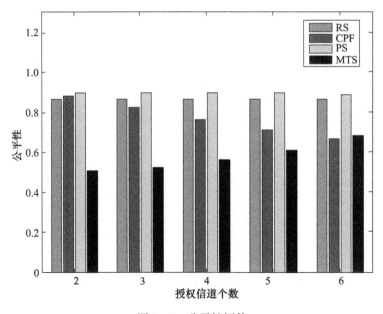

图 3-7　公平性评估

图 3-8 描述了在不同信道状态个数的情况下,四种调度策略的网络性能。在同一个系统里,信道状态个数越多,表明信道条件变化越剧烈[68]。此时,仿真实验中认知用户个数设置为 6,授权信道个数置为 5。当信道状态个数相对较少时,信道条件较差的认知用户的传输速率共有两种状态,分别是 6Mb/s 和 9Mb/s,信道条件较好的认知用户的传输速率对应的两种状态,分别是 9Mb/s 和 12Mb/s。如图 3-8(a)和图 3-8(b)所示,当信道状态个数增多时,CPFS、PS 和 MTS 同 RS 相比较,因为 RS 策略没有利用信道状态信息,前三种调度策略都可以获得更多的网络吞吐量。如图 3-8(c)和图 3-8(d)所示,PS 在不同的信道

状态个数的条件下,始终在四种调度策略中,能够获得最佳的公平性。并且同 CPFS 相比较,随着信道状态个数的增加,PS 可以取得更大的公平性性能增益。显然,在四种策略中,本书所提出的 PS 更加适应信道条件变化剧烈的情况。

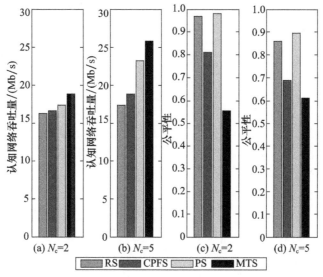

图 3-8　不同信道状态个数情况下的网络性能

如图 3-9 所示,我们专门研究了边缘认知用户的平均吞吐量。四种调度策略中,PS 策略的性能最优,MTS 性能最差。同 RS 相比较,当 $K \leqslant 3$ 时,CPFS 中的边缘认知用户可以获得更多的吞吐量。当 $K > 3$ 时,CPFS 中的边缘认知用户的吞吐量性能得不到保障,要低于 RS。

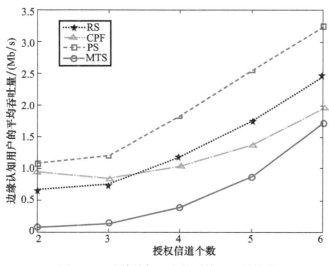

图 3-9　边缘认知用户的平均吞吐量性能

综上所述，MTS 牺牲了边缘认知用户的性能，单纯的最大化网络吞吐量。在授权信道个数较多的情况下，因为 CPFS 没有利用授权信道的业务特征信息，CPFS 并不能保证边缘认知用户的吞吐量性能。本节所提出的 PS，在最大化认知无线网络吞吐量的同时，提高网络边缘用户的吞吐量，从而保证认知用户之间的公平性。

3.5　小结

本章考虑当认知无线电网络中存在多个不同业务类型的授权用户，并且认知用户经历时变信道的网络场景。研究如何调度认知用户在不同的授权信道上进行感知和传输，以获取更高的网络吞吐量，并且保证认知用户之间的公平性。本章提出了一种新的基于信息预测的频谱感知调度策略。该策略通过马尔可夫链来预测认知用户的信道状态信息。并利用授权用户的业务特征信息，来预测授权信道在下一帧空闲的概率。通过这些预测信息，我们调度认知用户在不同的授权信道上进行感知和传输。在频谱感知调度策略中，同时考虑网络吞吐量和公平性这两个重要网络指标，并把该调度策略描述成一个优化问题。随后通过匈牙利算法求出该优化问题的最优解。仿真结果表明：本章提出的基于信息预测的频谱感知调度策略可以很好地权衡网络吞吐量和公平性这两个指标，在保证认知用户之间的公平性的同时，获得较高的网络吞吐量。

第4章

蜂窝网中机会式频谱接入的建模与服务等级性能分析

本章研究蜂窝网中的机会式频谱接入技术,利用三维连续马尔可夫链对其建模,并分析认知蜂窝网的 GoS 性能。通过以上建模与分析,可以确定蜂窝网络采用机会式频谱接入技术之后的频谱利用率。并且对于一个给定的授权用户业务,为了保证认知用户的 GoS 性能,我们可以确定蜂窝网络可以承载的认知业务强度。

4.1 引言

在过去 20 年中,随着数字技术和射频集成电路的飞速发展,蜂窝网中的无线数据传输业务成指数级的增长。因此作为无线通信链路的载体,需要越来越多的频谱资源来支撑不断增长的蜂窝网中无线数据传输业务。例如,为了满足 IMT-Advanced(International Mobile Telecommunications-Advanced)系统的性能指标,即在下行链路峰值速率达到 1Gb/s,上行链路峰值速率达到 500Mb/s,未来 4G 系统中需要大量的频谱资源来承载这些无线数据业务[73-75]。然而适合 4G 蜂窝网的频谱资源却是有限的,难以满足大量高速无线数据业务的需求[76-77]。

最近,在蜂窝网络中引入认知无线电技术,以解决未来蜂窝网络中频谱资源不够用的问题,得到了学术界和工业界的广泛关注[78]。同传统的认知无线电网络相比较,认知蜂窝网络作为一个商用网络,为了能够保证用户的通信质量,有一部分自己的授权频谱[78]。但是这部分有限的授权频谱是不够承载大量的高速无线传输业务的,蜂窝网用户利用认知无线电技术接入到空闲的授权频谱中,以解决频谱资源不够用的问题。

在蜂窝网络中,衡量业务服务质量的指标主要有 QoS 和 GoS 两种。其中

QoS 主要表征一个业务链接的需求,例如:业务响应时间、丢包率、信噪比、串话率等。在蜂窝网络中,通常我们赋予不同类型的业务不同的 QoS,从而赋予他们不同的优先级,来满足不同类型的业务的不同的性能需求。例如,赋予不同的业务的数据连接不同的比特速率、延时或者比特错误率等。通常,QoS 主要用于在数据帧这个层次上来评估业务的服务质量。同 QoS 不同,GoS 主要用于在会话层来衡量一个系统的服务质量,这主要通过阻塞概率和中断概率这两个重要的参数来体现[50]。

近年来,基于机会式频谱接入技术的认知无线电网络中的 GoS 性能分析,引起了学术界的广泛关注。然而,据我们所知,基于机会式频谱接入技术的认知蜂窝网的 GoS 性能分析仍然没有开展。针对这个问题,我们提出了适用于认知蜂窝网的机会式频谱接入策略,并通过构建三维连续马尔可夫链,来分析认知蜂窝网的 GoS 性能。最后,我们通过开展蒙特卡洛实验来验证我们理论推导的正确性。本文对认知蜂窝网的 GoS 性能分析对保障认知用户的通信性能和指导认知蜂窝网的实际部署都有重要的意义。

本章节的主要内容如下。

(1)本章给出了基于机会式频谱接入技术的认知蜂窝网络的网络架构。基于非跳转和跳转模式,本章给出了两种适用于认知蜂窝网络的机会式频谱接入策略。

(2)本章通过构建三维连续马尔可夫链对基于非跳转的和跳转的机会式频谱接入策略进行建模,并分析认知蜂窝网的 GoS 性能。

(3)本章通过开展蒙特卡洛实验验证理论推导的正确性。并分析了认知蜂窝网的频谱利用率和给定目标 GoS 指标情况下,认知无线电网络能够承载的认知业务强度范围。

本章内容组织结构如下:4.2 节给出了基于机会式频谱接入策略的认知蜂窝网络的网络场景;4.3 节提出了两种适用于认知蜂窝网的机会式频谱调度策略;4.4 节构建了三维连续马尔可夫链,以分析认知蜂窝网的 GoS 性能;4.5 节通过开展蒙特卡洛实验来验证本节理论推导的正确性,并分析了认知蜂窝网的频谱利用率和给定目标 GoS 指标情况下,认知无线电网络能够承载的认知业务强度范围;4.6 节对本章节内容进行了总结。

4.2 基于机会式频谱接入的蜂窝网络的系统模型

图 4-1 描述了基于机会式频谱接入的蜂窝网络的系统模型。同传统的蜂窝网络的不同之处在于,认知蜂窝网络中的用户,除了可以接入到认知蜂窝

网络自身的授权频谱之外,还可以机会式接入到归属于其他用户的空闲频段。为了便于区分,在本章我们定义认知蜂窝网的用户为认知用户,认知蜂窝网自身的授权频谱定义为蜂窝网授权频谱。频谱空洞的归属者为主用户,相对应的授权频谱称为主用户授权频谱。在认知蜂窝网中,主用户对主用户授权频谱的使用优先级始终高于次用户。为了避免对主用户的干扰,当主用户返回主用户授权信道时,认知用户需要立即停止数据传输,并将主用户授权信道归还给主用户。

认知无线电网络中根据认知用户退出主用户授权信道之后的策略,可以分为跳转和非跳转两种模式[79-80]。非跳转模式是 IEEE 802.22 所采用的基本模式,在该模式中,认知用户退出主用户授权信道后,停止数据传输,直至主用户授权信道重新空闲后再继续传输。也就是说,在非跳转模式中,目标切换信道始终是当前信道。因为在非跳转模式中,等待时间完全取决于主用户业务,所以非跳转模式适用于短数据传输的主用户的认知无线电网络应用场景。在跳转模式中,被打断的认知用户可以选择继续留在当前信道等待或者跳转到其他空闲主用户信道中。同非跳转模式相比较,跳转模式时延更小,但认知用户需要重新配置收发机参数,会带来更大的复杂度和能量损耗[81]。

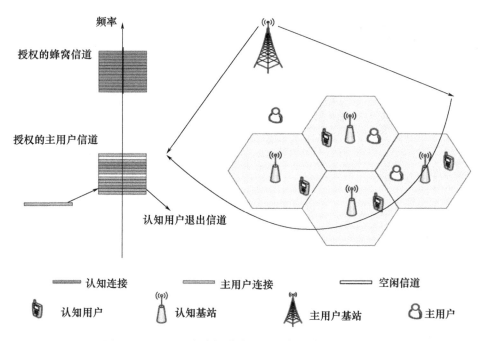

图 4-1 基于机会式频谱接入的蜂窝网络的系统模型

4.3 认知蜂窝网中机会式频谱接入策略

针对认知蜂窝网和两种跳转模式,本节提出了两种机会式频谱调度策略:认知蜂窝网中基于非跳转和跳转的机会式频谱接入策略。图4-2描述了认知蜂窝网中基于非跳转的和跳转的机会式频谱接入策略。认知用户首先接入授权的蜂窝频谱。当授权的蜂窝频谱的所有信道都被占用并且主用户不存在的时候,认知用户接入主用户的授权信道。然而,当主用户重新使用该信道时,认知用户需要立即退出频谱来避免和主用户发生冲突。在非跳转模式下,认知链接被中断后,停止数据传输,直至主用户授权信道重新空闲后再继续传输。在切换模式情况下,当主用户重新使用信道时,如果蜂窝网授权信道还没有被完全占用,被中断的认知用户首先选择空闲的蜂窝网授权信道来避免再次被中断;否则,认知用户接入到主用户授权频谱中的空闲信道。

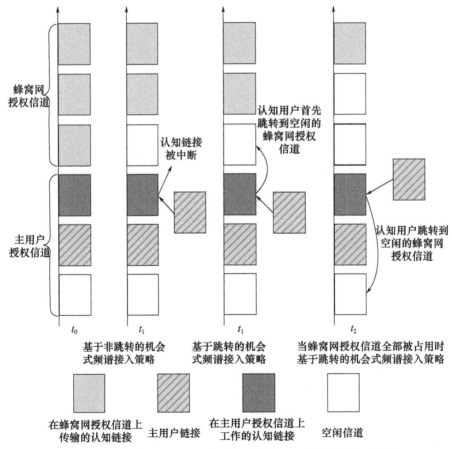

图4-2 认知蜂窝网中基于非跳转和跳转的机会式频谱接入策略

4.4 利用三维连续马尔可夫链建模与分析服务等级性能

本节针对认知蜂窝网中基于非跳转和跳转的机会式频谱接入策略,利用三维连续马尔可夫链分别进行建模与分析相应的 GoS 性能。假设蜂窝网授权频谱共有 N 个相互正交的信道,主用户授权频段共有 M 个相互正交的信道。定义主用户和认知用户呼叫的平均到达速率分别为 λ_p 和 λ_s,主用户和认知用户的平均服务时间为 μ_p^{-1} 和 μ_s^{-1}。因为在认知蜂窝网中,认知用户既可以接入蜂窝网授权频谱,又可以接入主用户授权频谱,传统的二维连续马尔可夫链模型[32,42,63]不再适用。

4.4.1 基于非跳转的机会式频谱接入策略的服务等级性能分析

针对认知蜂窝网中基于非跳转和跳转的机会式频谱接入策略,这里构建一个三维连续马尔可夫链对其建模。并定义三维连续马尔可夫链中的状态为 (i,j,k),其中 i 和 j 表示在主用户授权频谱中的主用户个数和认知用户个数,k 表示在蜂窝网授权频谱中认知用户的个数。

图 4-3 利用三维连续马尔可夫链对认知蜂窝中基于非跳转的机会式频谱接入过程建模,并给出相应的马尔可夫链状态转移速率图。注意,图 4-4 中的状态都是有效状态,即满足 $i \geq 0, j \geq 0, k \geq 0, i+j \leq M$ 且 $k \leq N$。因为认知用户优先选择蜂窝网授权信道,以避免频繁被主用户打断,状态 (i,j,k) 到状态 $(i,j+1,k)$ 的转移仅在 $k=N$ 时发生。一个新到的主用户呼叫,随机占用一个未被其他主用户占用的主用户授权信道。因为主用户并不知道认知用户占用了哪些主用户授权信道,因此即使主用户授权信道中有空闲信道,主用户也有可能会占用被认知用户正在使用的主用户授权信道,从而打断正在传输的次用户链接。所以,当 $k<N$ 时,一个认知用户链接因为主用户呼叫的到达而被打断的概率为 $j/(M-i)$,从状态 (i,j,k) 到 $(i+1,j-1,k)$ 的转移速率为 $\lambda_p j/(M-i)$。类似地,当 $k<N$ 时,主用户占用主用户授权信道中的空闲信道的概率为 $(M-i-j)/(M-i)$,从状态 (i,j,k) 到 $(i+1,j,k)$ 的转移速率为 $\lambda_p(M-i-j)/(M-i)$。当认知用户传输过程中没有被主用户打断,认知用户传输完数据后将自动退出所占用的信道。因此,从状态 (i,j,k) 到 $(i,j-1,k)$ 的转移速率为 $j\mu_s$。同理,系统从状态 (i,j,k) 到状态 $(i-1,j,k)$ 的转移速率为 $i\mu_p$。

通过图 4-3,当 $i+j \leq M$ 且 $k \leq N$ 时,可以获得马尔可夫链的平稳方程:

$$P(i,j,k)\{i\mu_p + j\mu_s + k\mu_s + [1-\delta(M+N-i-j-k)]\lambda_s + [1-\delta(M-i)]\lambda_p\}$$
$$= \lambda_s[1-U(k-N)][1-\delta(k)]P(i,j,k-1)$$
$$+ (k+1)\mu_s[1-\delta(N-k)]P(i,j,k+1)$$

$$+ \lambda_s \delta(N-k)[1-\delta(j)]P(i,j-1,k)$$
$$+ (j+1)\mu_s[1-\delta(M-i-j)]P(i,j+1,k)$$
$$+ (i+1)\mu_p[1-\delta(M-i-j)]P(i+1,j,k)$$
$$+ \lambda_p P(i-1,j,k)\left[\frac{M-(i-1)-j}{M-(i-1)}\right][1-\delta(i)]$$
$$+ \left[\frac{j+1}{M-(i-1)}\right]\lambda_p[1-\delta(i)]P(i-1,j+1,k) \tag{4.1}$$

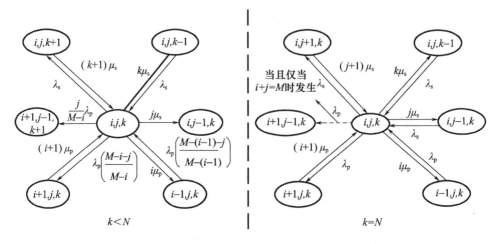

图 4-3 基于非跳转的机会式频谱接入策略的马尔可夫链状态转移速率图

$$\sum_i \sum_j \sum_k P(i,j,k) = 1 \tag{4.2}$$

式中：$P(i,j,k)$ 是状态 (i,j,k) 得到平稳状态概率；函数 $U(\cdot)$ 定义为：如果 $x \geqslant x_0, U(x-x_0)=1$；否则 $U(x-x_0)=0$；函数 $\delta(\cdot)$ 定义为：如果 $x=0, \delta(x)=1$；否则 $\delta(x)=0$。

针对上面的马尔可夫链的平稳方程，因为是一个线性方程组，我们可以很容易地通过一些常用的算法来求解，以获得马尔可夫链的平稳状态概率，如高斯消元法、逐次超松弛迭代法等[50]。

获得马尔可夫链的平稳状态概率之后，我们可以利用它来分析认知蜂窝网系统的 GoS 性能，即认知链接阻塞概率和中断概率。认知链接中断概率定义为一段时间 T 内，被中断的认知链接的个数占时间 T 内所有的认知链接个数的比例。如图 4-3 所示，无论是否有信道空闲，在任何 $j \neq 0$ 的状态中，在主用户授权信道上工作的认知链接都有可能被主用户打断。并且因为此时不考虑跳转，认知用户被打断后，即使有其他空闲信道，认知用户链接也将被中断。以状态 (i,j,k) 为观察点，在时间 T 内到达的认知链接个数为 $\lambda_s T$，同时在这段时间内抵达的主用户链接个数为 $\lambda_s T$。主用户链接随机占用被认知链接已占用的主用户

授权信道的概率为 $j/(M-i)$，因此认知链接中断概率可以通过下式确定：

$$P_{\text{drop},s} = \sum_{\substack{i,j,k,j\neq 0 \\ i+j\leq M, k\leq N}} \frac{j\lambda_p P(i,j,k)}{(M-i)\lambda_s} \tag{4.3}$$

认知链接阻塞概率定义为一段时间 T 内，被阻塞的新到的认知链接个数占时间 T 内所有的认知链接个数的比例。当且仅当所有的信道都被占用时，新到的认知链接会发生阻塞，因此认知链接的阻塞概率可由下式确定：

$$P_{\text{block},s} = \sum_{\substack{i,j,k \\ i+j+k=M+N, k\leq N}} P(i,j,k) \tag{4.4}$$

下面通过前面得到的认知链接阻塞概率和中断概率，来确定整个频谱的频谱利用率：

$$U = \frac{(1-P_{\text{block},p})\times\frac{\lambda_p}{\mu_p} + (1-P_{\text{block},u}-P_{\text{drop},u})\times\frac{\lambda_s}{\mu_s}}{(M+N)} \tag{4.5}$$

注意，这里的频谱包括蜂窝网授权频谱和主用户授权频谱，其中主用户链接阻塞概率 $P_{\text{block},p}$ 可以通过如下的 ErlangB 公式确定：

$$P_{\text{block},p} = \frac{\frac{(\lambda_p \mu_p^{-1})^M}{M!}}{\sum_{m=1}^{M}\frac{(\lambda_p \mu_p^{-1})^m}{M!}} \tag{4.6}$$

4.4.2 基于跳转的机会式频谱接入策略的服务等级性能分析

图 4-4 利用三维连续马尔可夫链对认知蜂窝中基于跳转的机会式频谱接入过程建模，并给出相应的马尔可夫链状态转移速率图。通过比较图 4-4 和图 4-3 可以发现，基于跳转的机会式频谱接入策略的三维连续马尔可夫链的状态转移速率图同图 4-3 主要有三点不同。①当授权蜂窝信道未满时，即 $k<N$ 时，被打断的认知链接总是可以成功跳转。因此，同图 4-3 相比较，当 $k<N$ 时，在图 4-4 中状态 $(i+1,j-1,k+1)$ 替代了状态 $(i+1,j-1,k)$。②在图 4-3 中，当 $k=N$ 时，状态 (i,j,k) 到 $(i+1,j,k)$ 的转移速率是 $\lambda_p(M-i-j)/(M-i)$，而在图 4-4 中相应的转移速率是 λ_p。造成这个变化的原因是，当 $k=N$ 时，认知蜂窝中基于跳转的机会式频谱接入策略中有两种情况会引发状态 (i,j,k) 到 $(i+1,j,k)$ 的转移。首先，新到的主用户链接接入到空闲主用户授权信道的概率是 $\lambda_p(M-i-j)/(M-i)$；其次，在考虑认知用户可以跳转的情况下，新到的主用户链接引起次用户跳转到空闲主用户授权信道的概率是 $\lambda_p j/(M-i)$。因此，当 $k=N$ 时，基于跳转的机会式频谱接入策略的三维连续马尔可夫链中状态 (i,j,k) 到

$(i+1,j,k)$ 的转移速率是以上两种情况概率之和,即 λ_p。③同图 4-3 相比较,基于跳转的机会式频谱接入策略的三维连续马尔可夫链中,认知链接当且仅当所有的信道被占用时,才会被主用户打断后又跳转失败,从而被中断。

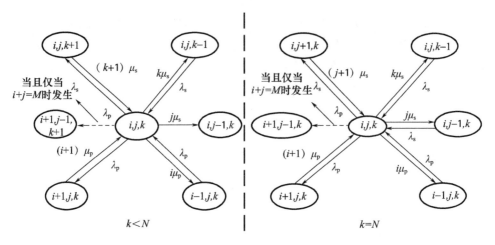

图 4-4 基于跳转的机会式频谱接入策略的马尔可夫链状态转移速率图

根据图 4-4,可以得到基于跳转的机会式频谱接入策略的三维连续马尔可夫链的状态平稳方程为

$$\begin{aligned}
P(i,j,k)&\{i\mu_p + j\mu_s + k\mu_s + [1-\delta(M+N-i-j-k)]\lambda_s + [1-\delta(M-i)]\lambda_p\} \\
&= \lambda_s[1-U(k-N)][1-\delta(k)]P(i,j,k-1) \\
&+ (k+1)\mu_s[1-\delta(N-k)]P(i,j,k+1) \\
&+ \lambda_s\delta(N-k)[1-\delta(j)]P(i,j-1,k) \\
&+ (j+1)\mu_s[1-\delta(M-i-j)]P(i,j+1,k) \\
&+ (i+1)\mu_p[1-\delta(M-i-j)]P(i+1,j,k) \\
&+ \lambda_p P(i-1,j,k)\left[\frac{M-(i-1)-j}{M-(i-1)}\right][1-\delta(i)] \\
&+ \lambda_p\delta(M+N-i-j-k)[1-\delta(i)]P(i-1,j+1,k) \\
&+ \lambda_p\left[\frac{j+1}{M-(i-1)}\right][1-\delta(k)]P(i-1,j+1,k-1)
\end{aligned} \quad (4.7)$$

$$\sum_i\sum_j\sum_k P(i,j,k) = 1 \quad (4.8)$$

因为认知链接当且仅当所有信道被占用时,才会被主用户打断后又跳转失败,引发中断。基于跳转的机会式频谱接入策略中认知链接的中断概率由下式确定:

$$P_{\text{drop},s} = \sum_{\substack{i,j,k,j\neq 0 \\ i+j+k=M+N,k\leq N}} \frac{\lambda_p P(i,j,k)}{\lambda_s} \quad (4.9)$$

同基于非跳转的机会式频谱接入策略相同,当且仅当所有的信道都被占用时,新到的认知链接会发生阻塞,因此认知链接的阻塞概率可由式(4.4)确定。

4.5 仿真结果及性能分析

本章通过开展蒙特卡罗仿真实验来验证我们提出的三维连续马尔可夫链模型和相关推导的正确性,并对基于机会式频谱接入技术的 GoS 性能做进一步分析。为了方便在图中标识,这里分别把认知蜂窝网中基于非跳转和跳转的机会式频谱接入策略简写为"OSA 非跳转"和"OSA 跳转"。未采用机会式频谱接入技术的传统蜂窝网络简写为 Non-OSA。蒙特卡罗仿真曲线用 Sim. 标识,理论计算结果用 Ana. 标识。在仿真实验中,我们设定参数如下:蜂窝网授权信道个数为 $M=3$,主用户授权信道的个数 $N=3$。假设主用户和认知用户的业务到达请求都服从泊松到达过程,其中 $\lambda_p = 3.5\text{min}^{-1}$。主用户链接的服务时间服从均值为 $\mu_p^{-1} = 2/5\text{min}$ 的负指数分布,认知用户链接的服务时间服从均值为 $\mu_s^{-1} = 1/3\text{min}$ 的负指数分布。注意,我们提出的三维连续马尔可夫链模型和相应分析,与主用户和认知用户业务服从哪一种分布无关,我们只需要已知主用户和认知用户业务相关分布的均值。

图 4-5 和图 4-6 分别描述了在认知用户服务请求到达速率 λ_s 变化情况下,认知用户链接的阻塞概率和中断概率。①我们可以观察到蒙特卡罗仿真实验结果和理论推导结果完全一致,验证了前面理论分析的正确性。②采用机会式频谱接入后蜂窝网的可用信道个数增加,基于 OSA 的蜂窝网同未采用机会式频谱接入技术的传统蜂窝网络相比较,认知用户链接的阻塞概率更小。注意,这里传统蜂窝网络中用户链接的阻塞概率通过 ErlangB 公式,即式(4.6)确定。③随着认知用户服务请求到达速率 λ_s 的增大,即认知用户业务越繁忙,认知用户链接的阻塞概率和中断概率均增大。那么在主用户业务强度一定的情况下,为了保证认知链接的 GoS 性能,认知蜂窝网络能够承载多大的认知业务强度呢?④我们通过比较分析基于非跳转和跳转的机会式频谱策略的 GoS 的性能来回答这个问题。

如图 4-5 所示,基于跳转的机会式频谱策略的认知链接阻塞概率大于基于非跳转的机会式频谱策略的认知链接阻塞概率。这是因为在基于跳转的机会式频谱策略中,被打断的认知用户链接可以跳转到空闲信道上去,增大了信道忙的概率,导致新的认知用户链接请求阻塞的概率增大。相应的如图 4-6 所示,基于跳转的机会式频谱策略与基于非跳转的机会式频谱策略相比,因为跳转而降低了认知链接的中断概率。通过图 4-5 和图 4-6,我们可以确定在主用户业务强度一定的情况下,为了保证认知链接的 GoS 性能,认知蜂窝网络能够承载的认知业务强度。因为业务中断所带来的用户体验,比初始呼叫请求忙更差,因此目标中断概率设置的比目标阻塞概率更小。例如,对于特定的 GoS 性能目标 $(P_{\text{block},u}^*, P_{\text{drop},u}^*) = (0.1, 0.04)$。通过观察图 4-5 和图 4-6 发现,当 $\lambda_s \leqslant 7\text{min}^{-1}$ 时,采用基于跳转的机会式频谱策略的认知蜂窝网络的阻塞概率和中断概率都小于目标阻塞概率和中断概率。此时认知网络能够在保证认知用户目标 GoS 的性能条件下,承载 $\lambda_s \leqslant 7 \text{ min}^{-1}$ 的认知业务强度。而当 $\lambda_s = 7$ 时,对于采用基于非跳转机会式频谱策略的认知蜂窝网络,此时虽然 $P_{\text{block},u} = 0.095 < 0.1$ 满足目标阻塞概率的要求,但 $P_{\text{drop},u} = 0.077 > 0.04$,不能满足目标中断概率。在保证认知用户目标 GoS 性能条件下,采用基于非跳转机会式频谱策略的认知蜂窝网络,能够承载的认知业务强度为 $\lambda_s \leqslant 4 \text{ min}^{-1}$。

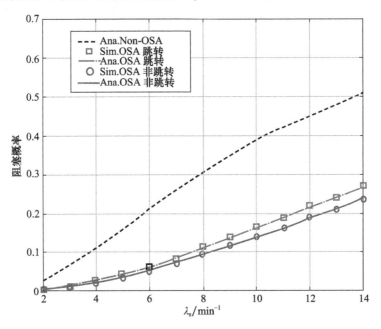

图 4-5　认知链接阻塞概率

图 4-7 描述了采用不同接入策略时,整个频谱的频谱利用效率。如图 4-7 所示,因为跳转增加了认知用户接入空闲信道的机会,采用基于跳转的机会式频谱策略的认知蜂窝网络的频谱利用率,高于采用非跳转模式的认知蜂窝网络。最后,我们还特别比较了认知蜂窝网络同未采用机会式频谱接入技术的传统蜂窝网络,在频谱利用效率上的差异。如图 4-7 所示,采用机会式频谱接入策略后,认知蜂窝网同未采用机会式频谱接入技术的传统蜂窝网络相比较,认知用户通过接入空闲的主用户授权信道,整个频段的频谱利用率得到了提高。

第 4 章 蜂窝网中机会式频谱接入的建模与服务等级性能分析

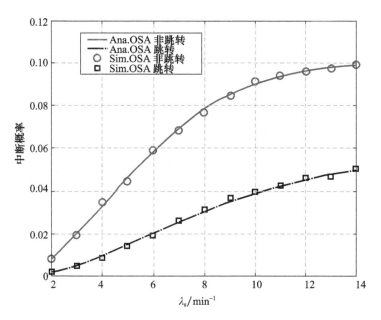

图 4-6 认知链接中断概率

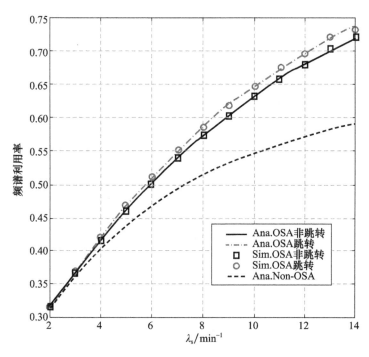

图 4-7 频谱利用率分析

43

4.6 小结

本章节首先,给出了基于机会式频谱接入技术的认知蜂窝网络的网络架构,基于非跳转和跳转模式,本章研究了两种适用于认知蜂窝网络的机会式频谱接入策略。然后,通过构建三维连续马尔可夫链,本章对认知蜂窝网中的机会式频谱接入策略进行建模,以分析认知蜂窝网的 GoS 性能。最后,本章通过开展蒙特卡罗实验证明了理论推导的正确性,并分析了认知蜂窝网的频谱利用率和给定目标 GoS 性能的情况下,认知无线电网络能够承载的认知业务强度范围。

第 5 章

基于机会式频谱接入的毫微微蜂窝网络中的激励机制

认知毫微微蜂窝网络是能够有效解决未来蜂窝网中室内覆盖问题的关键技术之一。最近,许多关于认知毫微微蜂窝网络问题被研究,如频谱共享、干扰消除等。然而,对于混合式认知毫微微蜂窝网络的实际部署来说,非常重要的激励机制问题依然没有被详细的讨论。针对混合接入式认知毫微微蜂窝网络中的激励机制问题,本章节提出了一种新的动态频谱分配方法。该方法为了激励认知毫微微蜂窝基站来服务宏用户,宏基站将会分配一部分本该分配给室内宏用户的频谱给认知毫微微蜂窝基站。从而毫微微蜂窝基站能够得到更多的频谱资源来提高毫微微蜂窝用户的通信质量。认知毫微微蜂窝基站在保证被服务的蜂窝网用户通信质量的前提下,最大化所有认知毫微微蜂窝用户的效用。本章将相应的资源分配问题描述成一个整体效用最大化的优化问题,并且利用对偶分解的方法来得到最优解。仿真结果表明运营商和认知毫微微蜂窝用户都可以从所提出的方案中受益,从而解决混合式认知毫微微蜂窝基站网络中的激励问题。

5.1 引言

5.1.1 研究背景

在最近十年中,无线通信应用的数量成倍增长。同时,更多的蜂窝网通信发生在室内。根据美国 ABI 公司最近的一个调查显示,超过 50% 的语音通信和 70% 的数据通信发生在室内环境,如家庭内,办公室和机场[82]。然而,在另一个调查中显示,由于阴影效应和多径效应,蜂窝网中室内无线通信链接的通信质量较差,超过 35% 的商业用户和 45% 的家庭用户在室内环境中的接收信号信噪比很低[83]。

为了解决未来蜂窝网中的室内覆盖问题,毫微微蜂窝技术应运而生。图5-1描述了现在已有的几种毫微微蜂窝基站,分别由华为技术公司、Ip. access 公司、三星电子集团公司和 Ubiquisys 公司所研制[84]。如图5-1所示,毫微微蜂窝基站是一种很小、便宜,且低功耗的微型接入设备,并且在通常情况下,它们由室内用户自行部署。同 WiFi 相比较,毫微微蜂窝基站工作在授权频段上,并且使用蜂窝网标准,确保毫微微蜂窝用户与蜂窝网进行无缝隙连接。毫微微蜂窝技术同传统的蜂窝网无线连接相比较,因为传输距离近,用户接收到的信号的信噪比更大,通信质量更好。另外,相对于部署更多的基站来提高用户通信质量的方法,毫微微蜂窝基站造价低,并且通常由室内用户自行部署,可以大大减少运营商的开支,所以毫微微蜂窝技术得到了运营商的广泛关注[52]。在 2011 年,大概 230 万部毫微微蜂窝基站被一些大型运营商部署,如 Vodafone、AT&T 和 Softbank 等[85]。

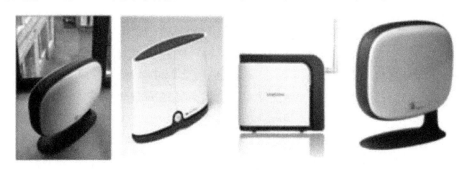

图 5-1 毫微微蜂窝基站示意图[84]

图 5-2 描述了毫微微蜂窝网络的网络场景。如图 5-2 所示,整个网络是一个双层的网络架构,既包含有蜂窝网基站和蜂窝网用户,简称为宏基站(Macro BS)和宏用户(Macro User),又包含有毫微微蜂窝基站和毫微微蜂窝用户。因为毫微微蜂窝基站工作在跟宏基站相同的授权频段上,所以在毫微微蜂窝网络中存在两种干扰:宏用户链接与毫微微蜂窝链接之间的跨层干扰和不同毫微微蜂窝小区链接之间的同层干扰。

毫微微蜂窝网络中的接入控制机制可以被分为三类:开放式接入、闭合式接入和混合式接入[86]。在开放式接入的模式下,所有的无线用户(包括宏用户和毫微微蜂窝用户)都可以接入毫微微蜂窝基站来传输数据。通常情况下,从网络容量以及宏用户的角度来说,开放式接入是一种最优的接入方法。但是,毫微微蜂窝基站将其有限的资源提供给宏用户后,毫微微蜂窝用户的通信质量就会下降。在闭合式接入的模式下,只有被毫微微蜂窝基站授权的毫微微蜂窝用户才可以接入毫微微蜂窝网络。因此,毫微微蜂窝用户的通信质量得到了保证。

第5章 基于机会式频谱接入的毫微微蜂窝网络中的激励机制

然而,在闭合式接入的模式下,当宏用户距离宏基站较远但距离毫微微蜂窝基站较近时,宏用户受到的干扰会很大[87]。同时,闭合式接入的频谱利用率比开放式接入的频谱利用率低。混合式接入是介于开放式接入和闭合式接入之间的一种接入方法。在这种接入方法中,在毫微微蜂窝用户的通信质量被保证的情形下,宏用户被允许接入毫微微蜂窝网络。

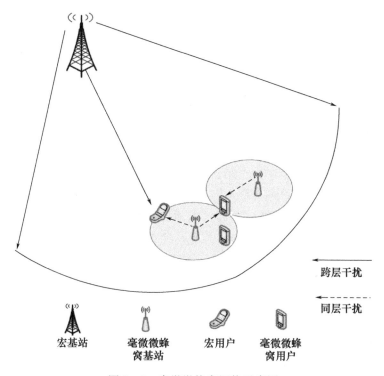

图 5-2 毫微微蜂窝网络示意图

认知无线电被认为是在未来无线通信中最有前景的一项技术。在认知无线电网络中,认知用户可以接入未被使用的授权频段以提高频谱利用率。另外,通过频谱感知,认知用户能够调整他们的传输参数来减少干扰。最近,毫微微蜂窝与认知无线电技术的结合得到了学术界的广泛关注。原因主要有两点:第一,在毫微微蜂窝网络中,毫微微蜂窝基站与用户都是工作在授权频段上,以实现与蜂窝网的无缝连接。由于蜂窝网中繁重的通信任务以及自身频谱资源的有限,在毫微微蜂窝网络中频谱资源不足的问题更为严重,通过在毫微微蜂窝网中引入认知无线电技术可以有效地提高频谱利用率。第二,因为毫微微蜂窝基站通常由室内用户自行随意布置,同层干扰问题和跨层干扰问题是两层毫微微蜂窝网络中的主要挑战。在认知毫微微蜂窝网络中,具有认知无线电功能的毫微微蜂窝基站能够动态感知周边的频谱使用情况,并调整自身的传输参数以避免同层干扰和跨层干扰[52,88]。

5.1.2 相关工作

毫微微蜂窝技术被公认为是一种可以通过很小的代价,解决未来蜂窝网络中室内覆盖问题的关键技术[89]。在文献[86]中,作者总结了毫微微蜂窝网络中的三种接入机制:开放式接入、封闭式接入和混合式接入。并对三种机制的优缺点进行比较。在文献[90]中,作者讨论了毫微微蜂窝基站网络的商用模式,并提出了三种部署机制:运营商部署机制、用户部署机制和联合部署机制。针对这三种部署机制,作者讨论了他们的独特性,相应的挑战以及潜在的解决方法。在文献[91]中,作者考虑毫微微蜂窝网络基站由除了运营商和毫微微蜂窝用户之外的第三方所运营。首先,作者利用 Stackelberg 博弈来分析无线运营商和毫微微蜂窝基站拥有者之间的合作与竞争;其次,作者提出了一种激励机制,以激励毫微微蜂窝基站拥有者为宏用户提供服务,从而获得经济效益。在这个框架内,如果毫微微蜂窝基站拥有者给宏用户提供无线通信服务,无线运营商将会反馈一部分经济效益给毫微微蜂窝基站拥有者。在文献[92]中,作者考虑无线运营商没有固网牌照,通过与有线运营商合作运营毫微微蜂窝网络的场景。基于序贯博弈和纳什谈判博弈,作者提出了一种混合式协作框架,以激励无线运营商和有线运营商为室内用户提供服务。

在认知毫微微蜂窝网络中,具有认知无线电功能的毫微微蜂窝基站能够动态感知周边的频谱使用情况并且调整自身的传输参数来避免同层干扰和跨层干扰,以及优化网络的频谱利用率[52,88]。在文献[53]中,作者讨论了毫微微蜂窝网络中的干扰问题。作者利用认知无线电技术以避免毫微微蜂窝用户和宏用户之间的跨层干扰,并基于战略博弈模型提出了一种干扰消除方法,以降低毫微微蜂窝基站之间的同层干扰。在文献[54]中,作者讨论了认知毫微微蜂窝网络中下行链路的资源分配问题。宏基站被看作是主用户,认知毫微微蜂窝基站被认为是次用户。作者利用静态博弈框架来解决相应的下行链路资源分配问题。在文献[55]中,作者依据认知毫微微蜂窝基站所获得的不同感知信息,提出了相应的频谱共享策略。并分析了采用不同频谱共享策略时,认知毫微微蜂窝网络的容量。在文献[56]中,作者研究了认知毫微微蜂窝基站对频谱资源的竞争问题,并利用博弈论来解决相应的资源分配问题。在文献[57]中,作者讨论了认知毫微微蜂窝网络中的可调整视频流问题。作者同时考虑了不同网络层次的设计参数,将问题描述成一个多阶段的随机规划问题,并求得相应的最优解。同时,作者提出了一种启发式算法,以降低算法复杂度。

最近,许多有关认知毫微微蜂窝网络问题被研究,如频谱共享、干扰消除等[51-52,88,93-96]。然而,对于混合式认知毫微微蜂窝网络的实际部署来说,非常

第 5 章 基于机会式频谱接入的毫微微蜂窝网络中的激励机制

重要的激励机制依然没有被详细的讨论。如何激励毫微微蜂窝基站提供自身有限的资源来为宏用户提供服务，如信道和能量，一直是一个未解决的问题。

5.1.3　贡献和内容组织结构

本章基于认知毫微微蜂窝网络，提出了一种动态频谱分配的方法，以激励无线运营商和毫微微蜂窝用户采用混合式接入模式。在该方法中，为了激励毫微微蜂窝基站分享有限资源以服务宏用户，宏基站将会分配一部分本该分配给室内宏用户的频谱资源给毫微微蜂窝基站。然而，这当中还有一些问题有待解决。第一，如何才能激励宏基站分配一部分频谱资源给毫微微蜂窝基站，这一部分频谱资源从何而来？第二，毫微微蜂窝基站如何进行资源的调度，如信道和能量，在保障宏用户的通信质量的同时，最大化所有毫微微蜂窝用户的效用。为了解决这些问题，我们设计了一个协议来完成所提出的动态频谱分配方法。并且将毫微微蜂窝基站中的资源分配问题描述成一个优化问题，利用对偶分解的方法来求得最优解。

本章的主要贡献如下。

（1）在混合式认知毫微微蜂窝基站网络中，本章提出了一种动态频谱分配的方法，以激励毫微微蜂窝服务宏用户。在提出的方法中：一方面，宏基站能够在保证宏用户的通信质量的前提下节约一部分频谱资源；另一方面，毫微微蜂窝能够得到更多的频谱资源以提高毫微微蜂窝用户的通信质量。

（2）本章设计了一个协议来完成我们提出的动态频谱分配方法。并且将毫微微蜂窝基站中的资源分配问题描述成一个优化问题，利用对偶分解的方法来求得最优解。

（3）本章通过开展蒙特卡洛实验，以评估我们所提出的动态频谱分配方法的性能。仿真结果表明：在认知毫微微蜂窝网络中，通过采用我们所提出的动态频谱分配的方法，运营商和毫微微蜂窝用户都可以从中受益，从而解决混合式认知毫微微蜂窝网络中的激励问题。

本章接下来的内容如下：5.2 节给出了系统模型；5.3 节基于认知毫微微蜂窝网络提出了一种动态频谱分配方法，并设计了一个协议来完成我们提出的动态频谱分配方法；5.4 节将毫微微蜂窝基站中的资源分配问题描述成一个优化问题，使用对偶分解的方法来求解；5.5 节通过蒙特卡洛仿真评估所提出方法的性能；5.6 节对本章内容进行总结。

5.2　基于机会式频谱接入的毫微微蜂窝网系统模型

如图 5-3 所示，考虑一个具有双层网络架构的认知毫微微蜂窝网络，其中包含有一个宏基站和若干个毫微微蜂窝基站。毫微微蜂窝基站由用户自行布设,并且通过有线方式。例如,光缆或者电缆,跟宏基站相连接。毫微微蜂窝基站具有认知无线电功能,通过动态感知宏基站和相邻毫微微蜂窝基站的频谱使用情况,调整自身的传输参数,以避免与宏网络之间的跨层干扰,以及与相邻毫微微蜂窝基站之间的同层干扰。注意,这里的认知无线电功能是基于机会式频谱接入方式,即不同用户动态接入不同的频谱,以提高频谱利用率和避免相互之间的干扰。关于如何利用认知无线电技术在毫微微蜂窝网络中进行干扰消除不是本文关注的重点,可以参阅文献[53-54,56]。

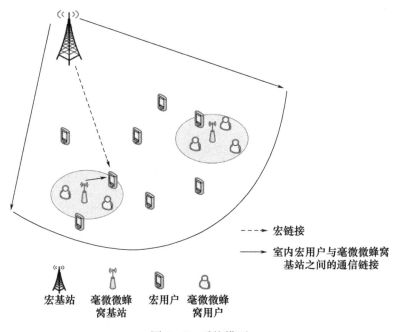

图5-3 系统模型

在上述的网络环境中考虑基于正交频分多址(Orthogonal Frequency Division Multiple Access,OFDMA)技术的下行链路传输。在毫微微蜂窝网络中有 M 个宏用户和 N 个毫微微蜂窝用户。定义 $\Phi = \{1,2,\cdots,M\}$ 为宏用户集合,$m \in \Phi$ 标识集合 Φ 中每一个宏用户。$\Omega = \{1,2,\cdots,N\}$ 是毫微微蜂窝用户集合,定义参数 n 标识集合 Ω 中的每一个毫微微蜂窝用户,$n \in \Omega$。集合 $\Psi = \{1,2,\cdots,M+N\}$ 表示毫微微蜂窝网络内所有的用户,每一个用户用参数 j 标识,$j \in \Psi$。室内用户与毫微微蜂窝基站之间的传输使用 OFDMA 技术,即不同的用户可以占用多个不同的正交的子信道以实现多址接入。其中每一个子信道由连续的子载波组成。每一个子信道用参数 i 来标识,其带宽为 $B(\text{MHz})$。毫微微蜂窝基站通过在每一个时隙的频谱感知结果,来初始化它的可用信道集合,集合中可用信道的数量为

k。毫微微蜂窝基站的传输功率用 P_{FAC} 来表示,其在第 i 个子载波上分配给第 j 个用户的功率为 $p_{i,j}$。定义 $\mu_{i,j}$ 表示信道 i 上,用户 j 的占用情况。$\mu_{i,j}=1$ 表示子信道 i 被分配给了第 j 个用户;否则,$\mu_{i,j}=0$。因为本章用到的参数变量较多,为了便于查找,归纳后如表 5-1 所列。

表 5-1 第 5 章节中使用的主要变量

变量名	变量涵义
M	毫微微蜂窝网络中宏用户个数
N	毫微微蜂窝网络中毫微微蜂窝用户个数
B	每个信道的带宽
S	对数正态阴影因子
P_{FAP}	毫微微蜂窝基站的最大传输功率
k	频谱感知所获取的信道个数
c	协议信道个数
c_m	宏用户 m 带来的协议信道个数
D_m	宏用户 m 的最小传输速率
$R_{i,j}$	用户 j 在信道 i 上的可达速率
H_j	用户 j 的衰减因子
Φ	毫微微蜂窝网络中宏用户集合
Ω	毫微微蜂窝网络中毫微微蜂窝用户集合
Ψ	毫微微蜂窝网络中所有用户集合
γ	毫微微蜂窝网络中所有可用信道集合
n_0	噪声功率谱
m,n	每一个宏用户和毫微微蜂窝用户的标号
i	每个可用信道的标号
j	毫微微蜂窝网络中所有用户的标号
d_n	毫微微蜂窝用户 n 的需求
$U(x)$	毫微微蜂窝用户的效用函数
$p_{i,j}$	用户 j 在信道 i 上的传输功率
$\mu_{i,j}$	用户 j 在信道 i 上传输的标号
w	室内环境中的楼层数目

5.3 一种适用于混合式接入模式的动态频谱分配方法

本节提出一种适用于混合式接入模式的动态频谱分配方法,以激励无线运营商和毫微微蜂窝用户采用混合式接入模式。通过观察图 5-3 发现,当宏用户在室内时,宏用户和毫微微蜂窝基站之间链路的信噪比,在大多数情况下要好于宏用户和宏基站之间的信噪比。因为前者传输距离更短,并且避免了墙壁的穿透以及阴影效应。根据香农公式 $R = B\log(1 + \text{SNR})$,在满足宏用户相同通信速率的前提条件下,室内通信与室外通信相比,所需要的信道个数更少。基于以上观察,我们提出了一种适用于混合式认知毫微微蜂窝网络的动态频谱分配方法,以激励无线运营商和认知毫微微蜂窝基站采用混合式接入模式。在所提出的动态频谱分配方法,无线运营商将本该分配给室内宏用户的一部分频谱资源分配给毫微微蜂窝基站,以激励毫微微蜂窝为宏用户提供服务。无线运营商和毫微微蜂窝都能够从这个方法中获得好处:一方面,宏基站能够节省一部分频谱资源,提高整个网络的频谱利用率;另一方面,毫微微蜂窝基站因为获得了更多的可用信道,能够为毫微微蜂窝用户提供更好的服务。基于以上讨论,我们设计了一个协议来完成所提出的动态频谱分配方法,其具体流程如下。

步骤 1:宏用户 m 进入到毫微微蜂窝基站的覆盖范围,通过专用控制信道发起初始数据传输请求。毫微微蜂窝基站收到该请求并且报告给宏基站。

步骤 2:宏基站根据宏用户 m 的需求 D_m 以及其自身的资源调度策略,计算出宏用户 m 所需要的子信道数量 q_m。

步骤 3:宏基站与毫微微蜂窝基站之间进行协商,以激励毫微微蜂窝基站为宏用户 m 提供服务。宏基站通知毫微微蜂窝基站,如果毫微微蜂窝基站能够满足宏用户 m 的通信需求。宏基站将分配 c_m 个信道给毫微微蜂窝基站。我们将这些信道命名为协议信道。注意,$c_m = \lfloor \alpha q_m \rfloor$,其中,$0 < \alpha < 1$ 是宏基站可控参数,函数 $[x]$ 表示取不大于 x 的最大整数。

步骤 4:毫微微蜂窝基站通过自身的资源分配策略计算所有毫微微蜂窝用户能够获得的利益,以决定是否为宏用户 m 提供服务。如果通过服务宏用户 m,能够使所有毫微微蜂窝用户的效用增益超过 β,毫微微蜂窝基站将会服务宏用户 m;否则,它将拒绝服务。其中,$0 < \beta < 1$ 是毫微微蜂窝基站可控参数。

注意,因为以上所提出的协议的协商过程是在宏基站和毫微微蜂窝基站之间通过有线链接来实现的,因此该协议的执行可以和毫微微蜂窝基站的频谱感知过程同时进行。

根据以上讨论,可以将所提出的动态频谱方法中毫微微蜂窝基站下行链路的资源分配策略,描述成如下优化问题:

$$\max \sum_{n \in \Omega} U(\lambda_n) \tag{5.1}$$

$$\text{s. t.} \sum_{j \in \Psi} \mu_{i,j} \leq 1 \tag{5.2}$$

第 5 章 基于机会式频谱接入的毫微微蜂窝网络中的激励机制

$$\sum_{i \in \gamma} \sum_{j \in \Psi} p_{i,j} \leqslant P_{\text{FAP}} \tag{5.3}$$

$$\lambda_m \geqslant D_m \tag{5.4}$$

式中:$\gamma = \{1, 2, \cdots, k+c\}$,$c$ 表示所有协议信道的个数,即

$$c = \sum_{m \in \Phi} c_m \tag{5.5}$$

效用函数 $U(\cdot)$ 可以通过下式确定[97]:

$$U(\lambda_n) = \begin{cases} k_1(1 - e^{-k_2 \lambda_n}), & \lambda_n \geqslant 0 \\ -\infty, & \lambda_n < 0 \end{cases} \tag{5.6}$$

式中:λ_n 为毫微微蜂窝用户 n 的可达速率,$\lambda_n = \sum_{n \in \Omega} \mu_{i,n} R_{i,n}$,其中 $R_{i,n}$ 是毫微微蜂窝用户 n 在信道 i 上的可达速率,$R_{i,n} = B\log(1 + \text{SNR}_{i,n})$。$k_1$ 表示效用函数的上界。通过确定参数 k_2 的值,以保证当用户到达目标速率 t 时,它的效用等于 $0.9k_1$。当 t 给定时,$k_2 = \dfrac{\ln(0.1)}{-t}$。如图 5-4 所示,我们给出了当 $t = 15\text{Mb/s}$ 的效用函数曲线,$k_1 = 1/3$,$k_2 = 1.535 \times 10^{-7}$。显然,$U(\cdot)$ 是一个递增的函数。当可达速率低于目标速率 $t = 15\text{Mb/s}$ 时,效用增长的很快;当可达速率超过目标速率时,效用增长的速率逐渐变慢。而当可达速率超过目标速率时,分配更多的资源给终端用户,对用户效用的增长贡献变小。此时,将同等的资源分配给其他的用户,对整个网络的效用的增加的效果更为明显,因此该效用函数能够保证用户之间的公平性[97]。

在限制条件中,式(5.2)表明一个信道只能分配给一个用户。式(5.3)表明毫微微蜂窝基站的功率限制。式(5.4)表明毫微微蜂窝基站需要保证被服务的宏用户的服务质量。

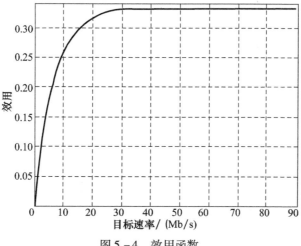

图 5-4 效用函数

5.4 优化问题求解

通过观察,不难发现式(5.1)中的优化问题是一个混合整数规划问题,并且非凸。然而,在具有大量子载波的 OFDMA 系统中,因为满足时间共享的条件,它的对偶间隙被证明为 $0^{[97-99]}$。因此本节考虑使用拉格朗日对偶分解的方法,来计算优化问题式(5.1)的最优解。

首先,我们引入一个新的变量 d_n 来表示毫微微蜂窝用户 n 的应用层需求,并将式(5.1)改写为

$$\begin{aligned} \max & \sum_{n \in \Omega} U(d_n) \\ \text{s.t.} & \sum_{j \in \Psi} \mu_{i,j} \leq 1 \\ & \sum_{i \in \gamma} \sum_{j \in \Psi} p_{i,j} \leq P_{\text{FAP}} \\ & \lambda_m \geq D_m \\ & d_n \leq \lambda_n \end{aligned} \quad (5.7)$$

因为 $U_n(\cdot)$ 是一个递增的函数,因此式(5.7)在 $d_n = \lambda_n$ 处取得最大值。因此,优化式(5.1)和式(5.7)具有相同的最优解。

下面,引入拉格朗日对偶变量 θ_n 和 θ_m,相应的对偶函数为

$$g(\theta) = \begin{cases} \max \sum_{\substack{n \in \Omega \\ m \in \Phi}} [U(d_n) + \theta_n(\lambda_n - d_n) + \theta_m(\lambda_m - D_m)] \\ \text{s.t.} \sum_{j \in \Psi} \mu_{i,j} \leq 1 \\ \sum_{i \in \gamma} \sum_{j \in \Psi} p_{i,j} \leq P_{\text{FAP}} \end{cases} \quad (5.8)$$

对偶函数包含有两个网络层次的变量:应用层变量 d_n,物理层变量 λ_m 和 λ_n。因此,式(5.8)可以分解为两个子问题。

第一个子问题是效用最大化问题,即应用层的速率匹配问题,即

$$g_{\text{appl}}(\theta) = \max \sum_{\substack{n \in \Omega \\ m \in \Phi}} [U(d_n) - \theta_n d_n - \theta_m D_m] \quad (5.9)$$

可简写为

$$g_{\text{appl}}(\theta) = \max \sum_{n \in \Omega} U(d_n) - \sum_{j \in \Psi} \theta_j d_j \quad (5.10)$$

其中

$$\sum_{j \in \Psi} \theta_j d_j = \sum_{m \in \Phi} \theta_m D_m + \sum_{n \in \Omega} \theta_n d_n \quad (5.11)$$

第二个子问题是物理层上信道与功率的联合分配问题,即

$$g_{\text{phy}}(\theta) = \begin{cases} \max \sum_{j \in \Psi} \theta_j d_j \\ \text{s. t.} \sum_{j \in \Psi} \mu_{i,j} \leq 1 \\ \sum_{i \in \gamma} \sum_{j \in \Psi} p_{i,j} \leq P_{\text{FAP}} \end{cases} \quad (5.12)$$

其中

$$\sum_{j \in \Psi} \theta_j \lambda_j = \sum_{m \in \Phi} \theta_m \lambda_m + \sum_{n \in \Omega} \theta_n \lambda_n \quad (5.13)$$

因此式(5.7)中的效用最大化问题,等效于求解如下的对偶问题:

$$\begin{aligned} &\min \quad g(\theta) \\ &\text{s. t.} \ \theta \geq 0 \end{aligned} \quad (5.14)$$

下面,利用次梯度法来求解式(5.14)中的优化问题,相应的步骤总结如下。

步骤 1:初始化 θ^0。

步骤 2:给定 $\theta^{(l)}$,分别求解子问题式(5.10)和式(5.12)的最优值 d_j^* 和 λ_j^*。

步骤 3:利用次梯度法更新 θ 的值,即

$$\theta_j^{(l+1)} = [\theta_j^{(l)} + v_j^{(l)}(d_j^* - \lambda_j^*)]^+ \quad (5.15)$$

式中函数 $[x]^+ = 0, x \leq 0$;否则,$[x]^+ = x$。

步骤 4:返回**步骤 2** 直至算法收敛,收敛条件为 $\theta_j^{(l+1)} - \theta_j^{(l)} \leq \varepsilon$,并且 $\lambda_m^* \geq D_m$。其中 ε 是一个预设的大于 0 的极小的数,本节设定 $\varepsilon = 10^{-5}$。

注意,在文献[97,100]中已经证明,上述的次梯度法能够通过差值递减规则,收敛到最优的对偶变量。对偶变量 θ_j 可以看作是可达速率的价格,我们利用 θ_j 来调整应用层需求和物理层供应之间的匹配关系。一方面,通过观察式(5.15),可以发现当 $\lambda_j^* < d_j^*$ 时,价格 θ_j 上涨。增大的 θ_j 将会激励物理层来分配更多的资源,以获得更多的收益。另一方面,增大的 θ_j 会抑制应用层的需求,以避免因 θ_j 的增大而导致 $g_{\text{appl}}(\theta)$ 的减小。同理,当 $\lambda_j^* > d_j^*$ 时,θ_j 会减小,以平衡应用层需求和物理层收益之间的差异。

5.4.1 子问题的求解

本部分针对物理层和网络层的两个子问题,分别提出有效的解决方法。

5.4.1.1 应用层子问题的求解

因为毫微微蜂窝基站的目标是在保证被服务的宏用户服务质量的同时,最大化所有毫微微蜂窝用户的效用。因此当 $\lambda_m = D_m$ 时,式(5.10)得到最优解。同时,因为 $U(\cdot)$ 是关于变量 d_n 的凸函数,因此 $(U(d_n) - \theta_n d_n)$ 对 d_n 来说也是

凸的。因此，我们通过对式(5.10)做关于 d_n 的微分，在微分值等于 0 时确定最优的 d_j^*，即

$$d_j^* = \begin{cases} D_m, & j \in \Phi \\ \left[-\dfrac{1}{k_2} \ln \dfrac{\theta_m}{k_1 k_2} \right]^+, & j \in \Omega \end{cases} \quad (5.16)$$

5.4.1.2 物理层子问题的求解

为了求解式(5.12)，再次引入拉格朗日变量 σ，以松弛毫微微蜂窝基站的功率限制这个限制条件，其对应的对偶函数为

$$a(\sigma) = \begin{cases} \max \sum_{j \in \Psi} \theta_j \lambda_j + \sigma(P_{\text{FAP}} - \sum_{i \in \gamma} \sum_{j \in \Psi} p_{i,j}) \\ \text{s. t.} \sum_{j \in \Psi} \mu_{i,j} \leq 1 \end{cases} \quad (5.17)$$

因为当 σ 给定时，σP_{FAP} 在式(5.17)中是常数，式(5.17)跟以下优化问题有相同的最优解：

$$\max \sum_{j \in \Psi} \theta_j \lambda_j - \sigma \sum_{i \in \gamma} \sum_{j \in \Psi} p_{i,j}$$
$$\text{s. t.} \sum_{j \in \Psi} \mu_{i,j} \leq 1 \quad (5.18)$$

对应的对偶问题为

$$\min a(\sigma)$$
$$\text{s. t.} \sigma \geq 0 \quad (5.19)$$

与式(5.14)相似，也可以通过以下步骤来确定以上对偶问题的最优解。

步骤1：初始化 $\sigma^{(0)}$。

步骤2：给定 $\sigma^{(l)}$，求解子问题式(5.18)的最优值 $\mu_{i,j}^*$ 和 $p_{i,j}^*$。

步骤3：利用次梯度法更新 σ 的值：

$$\sigma^{(l+1)} = \left[\sigma^{(l)} + \varepsilon^{(l)} \left(\sum_{i \in \gamma} \sum_{j \in \Psi} p_{i,j} - P_{\text{FAP}} \right) \right]^+ \quad (5.20)$$

式中：σ 为功率消耗的代价。

通过观察式(5.20)，可以发现 $\sum_{i \in \gamma} \sum_{j \in \Psi} p_{i,j} > P_{\text{FAP}}$ 时，代价 σ 上升。代价 σ 的上升将会抑制毫微微蜂窝基站分配更多的功率，以避免物理层效用值的降低。

步骤4：返回**步骤2**直至收敛，收敛条件为 $\sigma_j^{(i+1)} - \sigma_j^{(i)} \leq \epsilon$，并且 $\sum_{i \in \gamma} \sum_{j \in \Psi} p_{i,j} \leq P_{\text{FAP}}$。

5.4.2 优化流程

本节利用拉格朗日对偶分解的方法来求解式(5.1)的最优解。在对原问题进行转换和对偶分解后，分别求解应用层和物理层上的子问题，并且两个子问题相互

嵌套。应用层子问题因为是一个凸优化问题,我们很容易通过对原问题求偏导来获得最优解。在求解物理层子问题时,再次利用对偶理论移除物理层子问题中的动率限制,通过求解对偶问题以获得原问题的最优解。整个优化过程如下。

算法 1 对偶分解算法
步骤 1:初始化 $\theta^{(0)}$。
步骤 2:给定 $\theta^{(l)}$,求解子问题式(5.10),得到应用层子问题的最优解 d_j^*。
步骤 3:初始化 $\sigma^{(0)}$。
步骤 4:给定 $\sigma^{(l)}$,求解子问题式(5.12),得到物理层子问题的最优解 $p_{i,j}$。
步骤 5:通过公式(5.20)更新 σ,其中 $\varepsilon^{(l)}$ 遵循差值递减原则。
步骤 6:返回**步骤 3** 直至收敛。
步骤 7:利用最优的 $p_{i,j}^*$ 来计算最优的 λ_j^*。
步骤 8:通过式(5.15)更新 θ,其中 $\nu_j^{(l)}$ 遵守差值递减原则。
步骤 9:返回**步骤 1** 直至收敛。

5.5 仿真结果及性能分析

本节通过蒙特卡罗仿真实验评估我们所提出方法的性能。

5.5.1 仿真参数设置

仿真参数设置如下:毫微微蜂窝基站的传输半径设置为 15m,其最大传输功率设置为 $P_{FAP}=0.05W$。假设一共有 3 个毫微微蜂窝用户在毫微微蜂窝基站的覆盖范围内,噪声功率谱密度设为 $n_0=-204dB/Hz$。每个子信道的带宽为 $B=1MH$,每个宏用户的最小速率需求为 $D_m=10Mb/s$。毫微微蜂窝用户的效用函数参数设置为 $k_1=1/3$ 和 $k_2=1.535\times10^{-7}$,此时毫微微蜂窝的目标速率为 15Mb/s。

利用 ITU 室内路径损耗模型,计算毫微微蜂窝用户与毫微微蜂窝基站之间无线路径的路径衰减因子[92,101]:

$$H_j = 10^{-3.7}r^{-3}10^{-1.83w\left(\frac{w+2}{w+1}-0.46\right)}10^{-\frac{S}{10}} \quad (5.21)$$

式中:$r(m)$ 为传输距离;S 为对数正态阴影因子,其标准差为 8dB;w 为楼层的数量,在仿真中设为 2。

为了评估我们所提出的适用于混合式接入的动态频谱方法的性能,这里将所提出的算法同其他两种算法进行比较,为了方便在图中进行标识,对以下算法分别简写如下。

(1) DSA – HA(Dynamic Spectrum Allocation for Hybrid Access):该策略是我们所提出的适用于混合式接入方式的动态频谱分配方法中,当宏用户接入到毫微微蜂窝基站后,毫微微蜂窝基站的最优资源分配策略。在该策略中,在保证宏用户的需求的同时,最大化所有毫微微蜂窝用户的效用。

(2) EA – CA(Equal Allocation for Closed Access):这是毫微微蜂窝基站分配资源的最基本方法。毫微微蜂窝基站将资源均分给每个用户,如信道和能量。

(3) OP – CA(Optimal Allocation for Closed Access):这是在不考虑宏基站分配信道给毫微微蜂窝基站情况下,毫微微蜂窝基站分配资源的一种最优化算法。在该策略中,毫微微蜂窝基站通过类似 DSA – HA 算法中的对偶分解方法来得到最优策略。

因为 EA – CA 和 OP – CA 算法都没有考虑混合式接入方式中毫微微蜂窝基站的激励问题,所以 EA – CA 和 OP – CA 算法都基于闭合式接入方式。通过引入 EACA 和 OP – CA 算法,来验证资源分配优化方法的有效性和所提出的 DSA – HA 算法的优势。

在评估以上方法的毫微微蜂窝网络性能时,我们主要考虑以下性能指标。

(1)毫微微蜂窝网络效用:毫微微蜂窝网络中所有毫微微蜂窝用户的效用总和。它反映了毫微微蜂窝用户的满意程度,是个不大于 1 的正整数。

(2)毫微微蜂窝网络吞吐量:毫微微蜂窝网络中所有毫微微蜂窝用户的吞吐量之和。

(3)公平性:利用 Jain 因子来评估算法的公平性,其定义如下[72]:

$$f = \frac{(\sum_{n=1}^{N} \lambda_n)^2}{N \sum_{n=1}^{N} (\lambda_n)^2} \quad (5.22)$$

式中:λ_n 为毫微微蜂窝用户 n 的可达速率;$f \in \left[\frac{1}{N}, 1\right]$,$f$ 越大,表明算法的公平性越好。

5.5.2 总体比较

本小节假设在每一帧毫微微蜂窝基站通过频谱感知所获得的信道个数服从均匀分布 $k \in [1,6]$。因为宏蜂窝网络中的资源分配分配问题不是本节考虑的重点,我们假设宏用户 m 在宏蜂窝网中,为了满足数据通信需求,所需要的信道个数已知,并服从均匀分布 $q_m \in [2,8]$。

在我们所提出的动态频谱分配方法中,当毫微微蜂窝基站拒绝宏用户接入时,其整体性能和闭合式接入方法是相同的。本章重点讨论混合式接入方式中的激励机制,因此我们在仿真实验中主要研究当宏用户接入毫微微蜂窝网络的情况。在仿真实验中,我们挑选宏用户被允许接入到毫微微蜂窝网络的 1000

帧，并讨论这 1000 帧平均性能，以评估宏用户的通信质量是否可以得到保障，以及无线运营商和毫微微蜂窝可以获得多少收益。如图 5-5 所示。

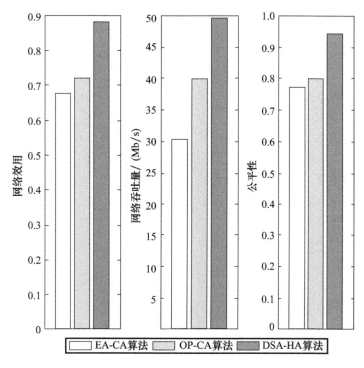

图 5-5 算法性能比较

（1）首先可以看出，本书提出的 DSA-HA 算法所获得的毫微微蜂窝网络效用最高，这是因为 DSA-HA 算法解决了混合式接入方式中的激励机制问题，毫微微蜂窝网络在获得协议信道后，拥有更多的可用信道。同时，OP-CA 方法同 EA-CA 方法相比较，可以获得更高的网络效用。因为 OP-CA 方法同 EA-CA 方法都基于封闭式接入方式，所以它证明了我们采用的对偶分解方法是毫微微蜂窝基站的一种有效资源分配方法。

（2）与 EA-CA 算法相比，OP-CA 算法能够获得更高的毫微微蜂窝网络吞吐量。其原因在于 OP-CA 算法充分应用了在每个信道上，信道条件的差异性。与 OP-CA 算法相比，DSA-HA 算法具有更多的可用信道，所以可以获得更高的毫微微蜂窝网络吞吐量，并且 DSA-HA 算法在三种方法中吞吐量性能最好。

（3）在闭合式接入策略中，毫微微蜂窝的可用信道数量是有限的，导致不同的毫微微蜂窝用户之间始终具有显著的速率差异。因此限制了 EA-CA 和 OP-CA 算法不能够保证毫微微蜂窝用户之间的公平性。举例来说，如果毫微微蜂窝基站需要把 5 个信道分配给三个毫微微蜂窝用户，无论采用什么策略，毫微微蜂窝用户之间的可达速率都会差距较大,公平性性能低下。然而,在我们提出的动态频谱方法中,毫微微蜂窝能够从宏基站获取更多的子信道,这样每个用户的可达速率也就更高,差异性也会随之减小。例如,在上述案例中若采用 DSA – HA 算法,当所有可用信道数增加到 6 时,毫微微蜂窝基站通过采取合理的资源分配策略,将信道平均分配给毫微微蜂窝用户后,再合理的分配功率资源,毫微微蜂窝用户可达速率之间的差异性就会减小。从而保证毫微微蜂窝用户之间的公平性。

如图 5 – 6 所示,现在研究所提出的 DSA – HA 算法中各个用户的可达速率。因为每个毫微微蜂窝用户的信道条件不同,毫微微蜂窝用户(Femtocell Users, FU)的可达速率之间仍然存在一定的差异性。但差异性不大,并且都能满足目标速率 15Mb/s。在满足了所有毫微微蜂窝用户的目标速率后,毫微微蜂窝基站将剩余的资源分配给信道条件最好的毫微微用户以最大化网络效用。并且在所提出的 DSA – HA 算法中,我们可以保证宏用户(Macro Users, MU)的通信速率需求,其可达速率 $\lambda_m = D_m = 10\text{Mb/s}$。

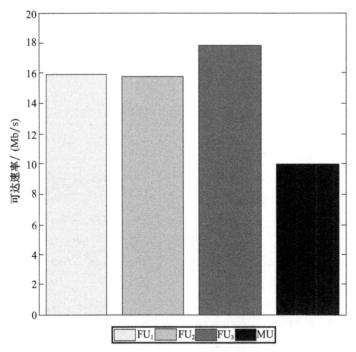

图 5 – 6 动态频谱分配方法中每个用户的可达速率

图 5 – 7 描述了在不同方案中,为了满足室内宏用户的通信需求,在 1000 帧数据帧中宏用户共占用的信道个数。第一个柱状图描述了在 OP – CA 算法中,室内宏用户,在 1000 帧里为了满足通信需求总共所占用的信道数量,第二个柱状图描述了在 DSAHA 算法中,室内宏用户占用的信道总数量。这两个柱状图

之间的差值为 DSA-HA 算法相比较 OP-CA 算法,宏基站可以节省的信道个数。如图 5-7 所示,在这 1000 帧数据帧中,在 OP-CA 算法中宏用户占用的信道个数为 5956,而在 DSA-HA 方法中宏用户占用的信道个数为 3640。通过采用我们所提出的 DSA-HA 算法,宏基站可以节约 2316 个子信道,即可节约大约 39% 的信道,从而提升蜂窝网的频谱利用率。

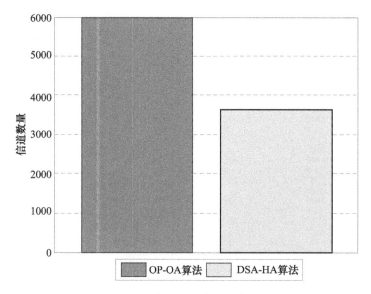

图 5-7 室内宏用户占用的信道个数

5.5.3 频谱感知结果对算法性能的影响

图 5-8 和图 5-9 描述了当协议信道个数 $c=4$ 时,感知结果 k 对算法性能的影响。认知毫微微蜂窝的频谱感知结果,可以通过其在每一帧中感知到的信道个数 k 反映。

如图 5-8 所示,在 DSA-HA 和 OP-CA 算法中,认知毫微微蜂窝的网络吞吐量均随着 k 的增大而增大。这是因为认知毫微微蜂窝基站通过频谱感知获得更多的信道之后,能够分配更多的信道的给毫微微蜂窝用户,以获得更大的网络吞吐量。同时,DSA-HA 算法的毫微微蜂窝网络吞吐量始终大于 OP-CA 算法,这是因为在 DSA-HA 算法中,通过服务宏用户,毫微微蜂窝拥有更多的可用信道。

如图 5-9 所示,随着通过频谱感知获取的信道资源 k 的增加,OP-CA 算法和 DSA-HA 算法中的网络效用均增大。并且,这两种方法所得到的效用差值,随着 k 增大在不断减小。这是因为当毫微微蜂窝用户的可达速率超过目标速率时,效用函数的增长速率逐渐变慢。所以,如果毫微微蜂窝能够感知到足够多的信道个数时,毫微微蜂窝有可能会拒绝为宏用户服务。因为当发射功率受限的情况下,即使获得更多的协议信道,网络效用也不会继续增加。当然,在现实环境中,因为毫微微蜂窝工作在蜂窝网授权频段。而蜂窝网作为一个业务繁忙的商用网络,频谱空洞很少。在大多数时间,毫微微蜂窝能够通过频谱感知所获取的信道个数会很少。所以,我们所提出的 DSA-HA 算法还是十分适用于实际环境中的毫微微蜂窝网络的。

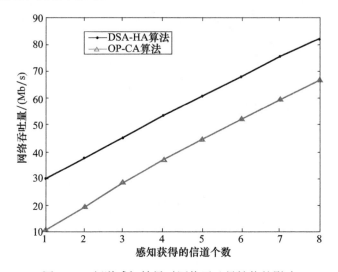

图 5-8　频谱感知结果对网络吞吐量性能的影响

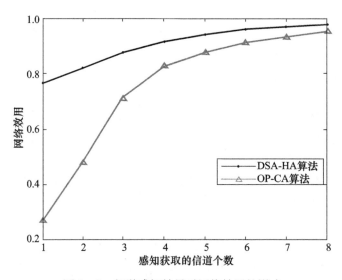

图 5-9　频谱感知结果对网络效用的影响

5.5.4 协议信道个数对算法性能的影响

本小节主要分析当感知所获取的信道个数恒定时,即 $k=3$ 或 $k=5$ 时,协议信道个数 c 对算法性能的影响。

如图 5-10 所示,在 DSA-HA 算法中,当毫微微蜂窝获取的协议信道个数越多,网络吞吐量越大。而 OP-CA 算法中由于认知毫微微蜂窝不允许宏用户接入,算法性能只与感知结果相关,所以 OP-CA 算法的网络吞吐量为一个常数。并且两种策略所获取的网络吞吐量的差值越来越大。这是因为,随着协议信道数量的增大,毫微微蜂窝的可用信道个数增加,导致毫微微蜂窝网络的吞吐量增大。

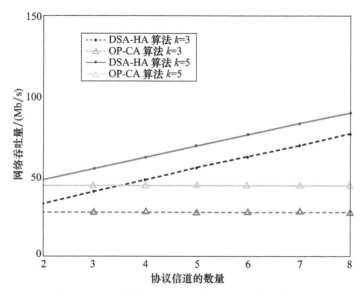

图 5-10 协议信道个数对网络吞吐量性能的影响

图 5-11 描述了在 $k=3$ 或 $k=5$ 时,协议信道个数 c 对网络效用的影响。首先,DSA-HA 算法的网络效用随着 c 的增大而增大。而在 OP-CA 算法中,由于认知毫微微蜂窝不允许宏用户接入,算法性能只与感知结果相关,所以 OP-CA 算法的网络效用为常数,与 c 无关。同时,这两种策略的效用的差值在 k 相同时,随着 c 的增大而增大。但是,同图 5-11 相比较,我们可以发现当协议信道数量足够大时,网络效用的增长速度要小于网络吞吐量的增长速度。并且当 $k=5$ 时,DSA-HA 算法和 OP-CA 算法之间的效用差值,比 $k=3$ 时要小。因此,毫微微蜂窝是否服务宏用户,不仅取决于协议信道的数量,还取决于毫微微蜂窝的频谱感知结果。即使在协议信道数量很大的情况下,毫微微蜂窝也可能不允许宏用户接入,因为毫微微蜂窝可能已经通过频谱感知,获取了足够数量的可用信道来满足毫微微蜂窝用户的需求。

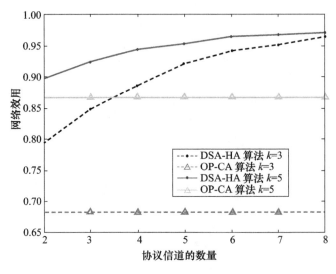

图 5-11　协议信道个数对网络效用的影响

总之,通过仿真实验我们可以发现:与其他两种算法相比,包括网络效用、网络吞吐量以及公平性在内的性能,我们所提出的 DSA-HA 算法中都是最好的。并且在所提出的 DSA-HA 算法中,无线运营商和毫微微蜂窝双方都可以从该方法中受益。一方面,宏基站能够在保证宏用户的通信质量的前提下节约一部分频谱资源;另一方面,毫微微蜂窝基站能够得到更多的频谱资源以提高毫微微蜂窝用户的通信质量。本章所提出的 DSA-HA 算法可以有效地激励无线运营商和毫微微蜂窝双方采用混合式接入方式。

5.6　小结

本章基于认知毫微微蜂窝网络,提出了一种动态频谱分配的方法,以激励无线运营商和毫微微蜂窝采用混合式接入模式。在该方法中,为了激励毫微微蜂窝分享有限的资源来服务宏用户,宏基站将会分配一部分本该分配给室内宏用户的频谱资源给毫微微蜂窝基站。从而毫微微蜂窝基站能够得到更多的频谱资源来提高毫微微蜂窝用户的通信质量。本章设计了一个协议来完成我们提出的动态频谱分配方法,并且将毫微微蜂窝基站中的资源分配问题描述成一个优化问题,利用对偶分解的方法来求得最优解。我们通过开展蒙特卡洛实验,来评估我们所提出的动态频谱分配方法。仿真结果表明:在认知毫微微蜂窝网络中,通过采用我们所提出的动态频谱分配的方法,运营商和认知毫微微蜂窝用户都可以从中受益。一方面,宏基站能够在保证宏用户的通信质量的前提下节约一部分频谱资源;另一方面,毫微微蜂窝基站能够得到更多的频谱资源来提高毫微微蜂窝用户的通信质量。

第6章

蜂窝网络中 D2D 通信的调度策略

为了提出有效的蜂窝网络中 D2D(Device to Device,设备到设备)通信的调度策略,首先需要明确调度目标,之后确定调度模式,最后设计调度方法。本章分别介绍调度目标、调度模式以及调度方法,为后续章节打下基础。针对具体场景下的不同业务,D2D 通信的调度目标相应地不同。D2D 通信的调度模式可分为集中式、分布式以及混合式。随着网络中 D2D 通信用户数量的增长,分布式调度与混合式调度更值得被考虑。针对不同的调度目标和调度模式,有必要进一步设计合适的调度方法。设计调度方法的基本思想是首先将调度问题描述为数学问题;然后求解该问题。本章主要运用二阶段随机规划和联盟博弈对调度问题进行描述以及求解。

6.1 调度目标

在分析调度目标之前,首先归纳蜂窝网络中的 D2D 通信的主要应用。

(1)近距离通信:即两个用户通过 D2D 通信直接传送数据。和传统的 D2D 通信(如 WiFi)相比成本较高,优势不够明显。

(2)中继/协作通信:即一个用户(也可以是专用的中继)作为另一个用户与基站之间的中继,协助数据的传输。传统的协作/中继模式通常把时间分为两部分,一部分用于基站和中继的链路,另一部分用于中继和用户的链路。从另一个角度看,中继和用户的链路相当于 D2D 通信链路,那么可以灵活采用频带外 D2D 通信以及频谱衬垫型 D2D 通信,以进一步提升中继/协作通信的性能。

(3)数据卸载(Data Offloading):即一个用户将从基站处下载的文件(或数据包)存入缓存中,当另一个用户希望下载同样的文件(或数据包)时,可以通过 D2D 通信从其他用户的缓存中获取,减轻了基站的传输负担。

本章主要关注 D2D 通信的后两种应用,即中继/协作通信和数据卸载。针对具体场景下的不同业务,D2D 通信有不同的应用,因而调度目标也相应地不同。对于非实时数据传输业务,优化目标通常为网络效用最大化;而对于时延敏感业务,优化目标为满足服务质量需求;对于时延敏感业务中的视频业务,还可以进一步考虑观看视频的用户体验。如图 6-1 所示,为了实现业务目标,传输调度具体包括传输模式选择、用户分组/配对、子信道/资源块分配以及发射功率控制等。下面将做具体介绍。

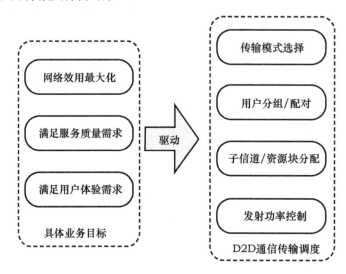

图 6-1　D2D 通信的调度目标

6.1.1　传输模式选择

蜂窝网络中的传统数据传输模式为在用户与基站之间进行数据传输。D2D 通信提供了新的数据传输模式,即在两个用户之间直接进行数据传输。然而,根据情况的不同,采用 D2D 通信并不一定能够带来性能增益;而且考虑到进行 D2D 通信所需频谱资源的有限性,当多个用户希望使用 D2D 通信时,可能出现频谱资源不足的情况。因此,在做传输模式决策时,需要在多种可用传输模式中进行选择,例如在 D2D 通信模式与传统非 D2D 通信模式中进行选择,以及选择让哪些用户采用 D2D 通信模式。做出合适选择的关键在于准确估计用户在不同传输模式下可达到的性能。

6.1.2　用户分组/配对

不同于传统蜂窝网络数据传输的星形拓扑(传输仅发生在用户与基站之间),D2D 通信产生了新型的网状拓扑。为了实现优化目标,需要调度用户之间数据流的走向,即控制网状拓扑的结构。具体来讲,有两种形式。

(1)用户分组。多个用户可能会形成一个合作组来实现共同目的,比如在组内进行缓存共享,或共同做出决策。得到一个帕累托最优(Pareto Optimality)的分组方案的关键在于获取每个用户对于各种分组方案的偏好程度。

(2)用户配对。频谱衬垫型 D2D 通信中可能出现多个链路共享同一个子信道的情况。例如,一个 D2D 通信链路可以和一个小区链路结成对子,即 D2D 通信链路在不对小区链路造成过大负面影响的前提下复用小区链路的子信道,获得合适配对方案的关键在于准确估计用户在不同配对方案下可达到的性能。

6.1.3 子信道/资源块分配及发射功率控制

OFDMA 蜂窝网络在频域上以一个子信道为最小分配单元,在时域上以一个时隙(约 0.5ms)为最小分配单元,时频域的最小分配单元为一个资源块(Resource Block)。由于小区中的空间分集效应,针对同一个子信道,不同用户在不同时间段获得的信道质量是不同的。因此,需要合理地分配子信道/资源块给不同用户,以提升频谱效率。此外,在子信道上的发射功率也需要被控制。针对频谱衬垫型 D2D 通信,可以通过调节发射功率实现有效的干扰控制。传统 OFDMA 网络中的资源分配与功率控制问题通常被描述为混合整数规划问题,存在特定的解决方法。然而,引入 D2D 通信后,问题的规模会进一步扩大,如何对新问题进行有效的求解十分重要。

6.2 调度模式

已有文献采用的调度模式通常为集中式。但随着网络中用户数量的增长,集中式调度高开销的弊端也越来越明显,故分布式调度与混合式调度也需要被考虑。值得注意的是,蜂窝网络中的 D2D 通信除了支持数据传输以外,还可以支持控制交互信息的传输,这为实现分布式/混合式调度提供了方便。

6.2.1 集中式调度模式

如图 6-2(a)所示,在集中式调度模式中,所有用户的传输由基站进行调度。用户需要将本地信息发送至基站,基站在收集到所有用户的信息后,做出集中式的决策,并将决策结果反馈给各个用户。集中式调度容易得到最优的调度方案,但由于最大可能的 D2D 通信链路数量是用户数量的平方级别,有可能导致基站较高的通信与计算开销。因此,集中式调度适用于用户数量较小的情况。

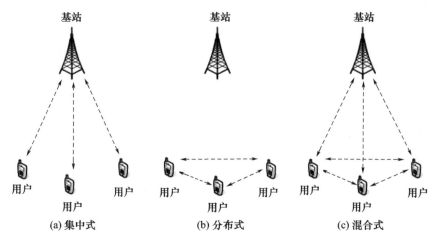

图 6-2 D2D 通信的调度模式

6.2.2 分布式调度模式

如图 6-2(b)所示,在分布式调度模式中,所有用户通过 D2D 通信链路传输控制交互信息,通过发送探测数据包,或是形成用户组的方式来做出传输调度决策。基站只需负责 D2D 通信链路的建立。在最开始,基站可以预分配一些子信道给用户,之后就不再参与具体的传输调度。分布式架构可以极大地减轻基站的计算与通信开销,可以实现不用升级基站即可在蜂窝网络引入新功能。分布式调度的缺点是在缺乏全局信息的情况下难以得到最优的调度方案,比较适合于用户数量较多的情况。

6.2.3 混合式调度模式

如图 6-2(c)所示,混合式调度模式综合了集中式调度模式和分布式调度模式的优点。一些需要在用户之间通过本地信息交互而做出的决策,由用户分布式地获得;而一些仅需要用户提供少量信息而做出的全局决策,可以由基站进行集中式调度。此外,混合式调度方式还有可根据具体情况,动态地调整分布式决策和集中式决策的比例。

6.3 调度方法

针对调度目标和调度模式,可以设计合适的调度方法。设计调度方法的基本思想是首先将调度问题描述为数学问题,随后求解该问题。本节介绍文献中运用到的调度问题描述以及求解方法。

6.3.1 二阶段随机规划

智能电网数据业务是跨越多个异构网络的时延敏感型业务,使用蜂窝网络中的 D2D 通信框架能有效提升系统性能。异构网络将不确定性的时延引入到整体时延中,故在进行传输调度时需要考虑系统中的不确定性。二阶段随机规划[105]能够有效应对不确定性,以做出适合的决策。

在二阶段随机规划问题中,决策者需要考虑未来规划区间内的不确定性参数并做出一个期望效益最大化的最优决策。在考虑的规划区间内,每一个阶段代表一类决策。而且,决策者在不同阶段获得的关于不确定参数的信息通常并不相同。在随机规划问题中,未来的不确定性参数由随机变量的分布来表征,并假设这些信息可以被决策者得到。根据决策时是否知晓随机变量的具体取值,可将二阶段随机规划问题的决策分成两类:第一阶段决策和第二阶段决策。第一阶段决策表示决策者在面临未来的不确定性参数而不得不立刻做出的决策,其决策时间点位于规划区间的开端,第一阶段决策一旦做出就无法在随后的规划区间内进行更改;而第二阶段决策的时间点位于这些不确定性参数揭晓后(即随机变量的取值知晓后),第二阶段决策是基于第一阶段决策做出的相应的调整。假设决策者期望做出最大化当前收益和未来收益期望值之和的决策,则两阶段随机线性规划问题的第一阶段问题为

$$
\begin{aligned}
\max\ & \boldsymbol{c}^{\mathrm{T}}\boldsymbol{x} + E_{\omega}[f(\boldsymbol{x},\omega)] \\
\text{s. t.}\ & \boldsymbol{A}\boldsymbol{x} = \boldsymbol{b}, \boldsymbol{x} \in X
\end{aligned} \tag{6.1}
$$

第二阶段问题为

$$
\begin{aligned}
f(\boldsymbol{x},\omega) = \max\ & \boldsymbol{q}(\omega)^{\mathrm{T}}\boldsymbol{y}(\omega) \\
\text{s. t.}\ & \boldsymbol{T}(\omega)\boldsymbol{x} + \boldsymbol{W}(\omega)\boldsymbol{y}(\omega) = \boldsymbol{h}(\omega), \boldsymbol{y}(\omega) \in Y
\end{aligned} \tag{6.2}
$$

式中:$\boldsymbol{x}$ 和 $\boldsymbol{y}(\omega)$ 分别为第一阶段和第二阶段的决策变量;$\omega \in \Omega$ 为一个场景;$E_{\omega}[f]$ 为 f 在 ω 上的期望;$\boldsymbol{c}$、$\boldsymbol{q}(\omega)$、$\boldsymbol{b}$、$\boldsymbol{h}(\omega)$、$\boldsymbol{A}$、$\boldsymbol{T}(\omega)$ 和 $\boldsymbol{W}(\omega)$ 在做第一阶段决策时均已知。在场景 ω 知晓后问题式(6.2)能够得以解决(做出第二阶段决策)。

当 Ω 中的场景个数有限时,上述问题可等价地转化为一个二阶段展开形式的问题:

$$
\begin{aligned}
\max\ & \boldsymbol{c}^{\mathrm{T}}\boldsymbol{x} + \sum_{\omega \in \Omega} \Pr(\omega)\boldsymbol{q}(\omega)^{\mathrm{T}}\boldsymbol{y}(\omega) \\
\text{s. t.}\ & \boldsymbol{A}\boldsymbol{x} = \boldsymbol{b} \\
& \boldsymbol{T}(\omega)\boldsymbol{x} + \boldsymbol{W}(\omega)\boldsymbol{y}(\omega) = \boldsymbol{h}(\omega) \\
& \boldsymbol{x} \in X, \boldsymbol{y}(\omega) \in Y
\end{aligned} \tag{6.3}
$$

式中:$\Pr(\omega)$ 为场景 ω 发生的概率;$\sum_{\omega \in \Omega} \Pr(\omega) = 1$。

二阶段随机规划问题的求解方法主要是利用展开形式问题式(6.3)自身的结构特性,将原问题分解成若干个独立的子问题进行求解。例如,求解两阶段随机线性规划问题的常用算法为 L 型(L Shape)算法,该算法在 1969 年由 Slyke 和 Wets 基于 Benders Decomposition 而提出,是很多其他随机规划求解算法的基础。

6.3.2 联盟博弈

基于 D2D 通信的缓存共享能有效提升实时视频传输的性能。为了激励用户进行有效的协作,合理地对用户进行分组是传输调度中的重要环节。联盟博弈(Coalitional Game)[106]为用户分组提供了有效的方法。

下面简要介绍联盟博弈的基本概念,联盟博弈又被称为合作博弈,是博弈论体系中的重要分支。联盟博弈通常以参与者可能的联合行动集合为基本元素,研究理性参与者在进行合作时的行为特征。联盟博弈中的参与者通过缔结联盟来增强其在博弈中的地位,强调公平、稳定、实际,以及效率。一个联盟博弈问题可以表示为一个多元组 $\Omega = \{\Psi, \chi_\Psi, V, (\succ_i)_{i \in \Psi}\}$,其中:

(1)Ψ 为有限个参与者的集合。

(2)χ_Ψ 为所有参与者之间可能的协作策略组成的空间。

(3)V 为特征函数,将每个非空的参与者集合 $\Delta \subseteq \Psi$(一个联盟)映射到可行协作策略的子集 $V(\Delta) \subseteq \chi_\Psi$。该函数表示在联盟 Δ 中的参与者之间可能的协作策略,同时假定联盟外的参与者不参加任何协作。

(4)$(\succ_i)_{i \in \Psi}$ 是参与者 $i \in \Psi$ 针对 χ_Ψ 的严格偏好序列(自反的、完整的和传递二元关系的)。该量反映了不同参与者对不同协作策略的偏好差异。

和非合作博弈中的纳什均衡(Nash Equilibrium)概念类似,在联盟博弈中存在核心这一概念。下面给出有关定义。

定义 6.1:核心是 $x \in V(\Psi)$ 的集合,不存在 Δ 和 $y \in V(\Delta)$,使得对所有 $i \in \Delta$ 有 $y \succ_i x$。

显然,核心是协作策略的集合,当集合中的协作策略被采用时,在当前联盟中无法分离出新的联盟,使得新联盟中的所有参与者通过在新联盟中进行协作而获得更多收益。通过观察问题的具体结构,有可能找到核心中的协作策略,即核心解。

6.4 小结

本章主要介绍了 D2D 通信的传输调度策略,包括调度目标、调度模式以及调度方法。重点介绍了二阶段随机规划和联盟博弈,为后续章节提供基本调度方法。

第7章

面向非实时数据传输的 D2D 通信框架和调度策略

7.1 引言

非实时数据业务,如多媒体文件下载、网页浏览等,是 4G 网络中的重要业务类型。非实时数据业务对时延要求不敏感,通常不考虑硬性的数据传输速率要求,而更关注用户的效用(数据速率的递增凹函数)[107]。由于终端用户需求和无线终端数量的迅猛增长,未来的蜂窝网络亟须更高的网络吞吐量以满足非实时数据业务的用户效用需求。传统蜂窝网络通过在区域内部署更多的基站来实现更高的网络吞吐量,由此引发更高的场地租赁费用及基站建设、维护费用。相比之下,一种新的思路是在小区内部署中继,以协作通信的方式来提升网络吞吐量[103],使得小区中的用户,包括位于小区边缘的用户都能获得更好的通信质量。相比于传统的非协作方式,协作通信能有效减少整体的开销。

然而有研究者发现,在某些场景下,蜂窝网络中采用协作通信所获得的性能增益可能十分微小[104],主要由以下两个原因造成。

(1)在中继和用户之间可能存在传输速率瓶颈。在蜂窝网络的最主要应用环境——城市环境中,基站和中继通常都被放置在离地面较高的位置(如高层楼宇的屋顶上),因而基站到中继的传输包含较多的视距成分。相比之下,由于密集建筑物的遮挡,基站/中继到用户的传输包含较多的非视距成分,导致同等资源条件下基站/中继到用户的链路质量要远差于基站到中继的链路质量。因此,协作通信的性能受限于中继到用户的链路质量[106]。

(2)半双工协作。在同一个 OFDMA 子信道上(以下行传输为例),基站至中继(或基站至用户)的传输和中继至用户的传输无法同时进行,即基站和中继被依次调度占用一个子信道上的两个不同时隙,如图 7-1(a)所示。这种时分复用会导致吞吐量减少,因而抵消协作通信潜在的性能增益。

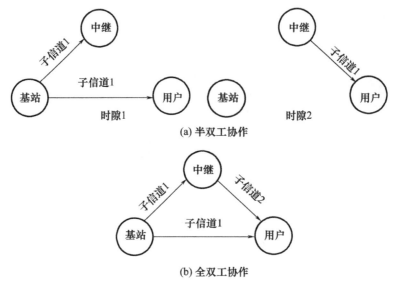

图 7-1 协作通信示例

根据上述观察,本章面向非实时数据传输提出一种 D2D 通信辅助协作框架,利用认知无线电技术,使得基站至中继/用户(小区链路)和中继至用户(D2D 通信链路)同时传输成为可能。具体来讲,各个中继和用户都装备认知无线电接口,可以机会式接入未被主用户网络占用的授权频段,即白区[108]。如图 7-1(b)所示,基站使用小区子信道(子信道 1)进行与用户、中继的直接通信,同时中继使用小区频段之外的白区子信道(子信道 2),即中继与用户在子信道 2 上构成了一个频带外 D2D 通信链路。因此,基站至中继/用户和中继至用户的传输可以同时进行,实现全双工协作,从而基站到用户的数据速率得到提升,因而用户效用得以提升。此外,如果白区位于甚高频段(54~862MHz),则具有比小区频段(通常在 2000MHz 之上)更好地传播性能,这样中继至用户的 D2D 通信可以获得更好的链路质量以克服协作通信中的瓶颈效应。简而言之,这种 D2D 通信辅助协作框架有大幅度提升非实时数据传输性能的潜力。

本章的主要内容总结如下。

(1)面向非实时数据传输业务,提出了一种 D2D 通信辅助协作框架,其中,中继和用户利用认知无线电接口获取白区子信道,构成频带外 D2D 通信链路,因而构成全双工协作通信,并能克服传统协作通信中的瓶颈效应。

(2)在所提出框架下,针对下行非实时数据传输提出一种最优化的传输调度策略,该策略:①为用户分配小区子信道或白区子信道;②为用户分配中继;③为基站和中继分配在各个小区子信道或白区子信道上的发射功率;④为数据流选择传输模式(直接传输模式、半双工协作模式和全双工协作模式),以最大化

第7章 面向非实时数据传输的 D2D 通信框架和调度策略

网络的总体效用。

（3）基于对偶分解法获得最优化传输调度方案。仿真结果表明，和基线框架以及传统协作框架相比，所提框架能显著提升网络的总体效用，从而带来网络吞吐量的大幅提升和用户之间高公平性的保证。

和本章相关的文献如下。文献[109]为提升小区总体吞吐量提出联合最优子信道分配与发射功率分配策略，并给出两种低复杂度的求解算法。在文献[110]中，作者提出一种混合式下行 OFDMA 协作通信策略，该策略首先根据用户的地理位置将小区分为若干个中继-用户簇，基站只负责分配资源到各个簇（中继作为簇头），而具体的资源分配由中继完成。文献[111]深入研究了协作 OFDMA 小区中的子信道及功率分配问题。在文献[112]中，作者考虑为缓冲有限的用户分配频谱，以提升协作 OFDMA 小区的频谱复用程度。文献[113]提出一种基于网络编码的协作框架，在额外子信道存在的条件下可以实现全双工协作通信。在文献[118]中，作者提出基于无速率网络编码的协作通信策略。在文献[108]中，作者提出中继可以通过机会接入的方式获取白区。然而作者假设中继和核心网相连，可能导致较高的开销。一个针对协作认知蜂窝网络的分布式传输调度策略被文献[115]提出，该策略只考虑使用白区；文献[116]考虑在电视广播系统和蜂窝网络之间进行频谱共享。小区基站通过协助电视广播系统以获取白区的接入权。在文献[117]中，作者研究了认知无线电环境下的协作通信网络。和相关文献相比，本章提出 D2D 通信辅助协作框架，该框架利用认知无线电构成频带外 D2D 通信，能够克服协作通信中的瓶颈效应，并通过最优化传输调度策略实现非实时数据传输的网络效用最大化。

7.2 辅助协作框架

如图 7-2 所示，本章所提出的 D2D 通信辅助协作框架考虑和若干主用户网络重叠的、基于 OFDMA 的单个蜂窝网络小区。小区由一个基站、几个中继和多个用户组成。中继被部署在小区内的特定位置来通过协作通信，协助基站完成至用户的数据传输。每个中继装备两个 OFDMA 无线接口，可以在两个不同的 OFDMA 子信道上同时收发信息。其中，一个无线接口使用小区频段，另一个无线接口基于认知无线电技术，使用白区频段。此外，为了降低部署中继的成本，可使用可再生能源（如风能、太阳能）为中继供电，其发射功率预算是受限的。因此，需要对中继的发射功率进行适当调节。用户装备有能接收两个不同频段上数据的无线接口，可以在小区子信道和白区子信道上同时接收数据。各个主用户网络包含一个接入点和若干个主用户，其占用的频段和小区工作的频段不同。对于主用户网络而言，小区中的中继和用户是完全透明的，因为它们在白区频段上的传输不得影响主用户的传输。

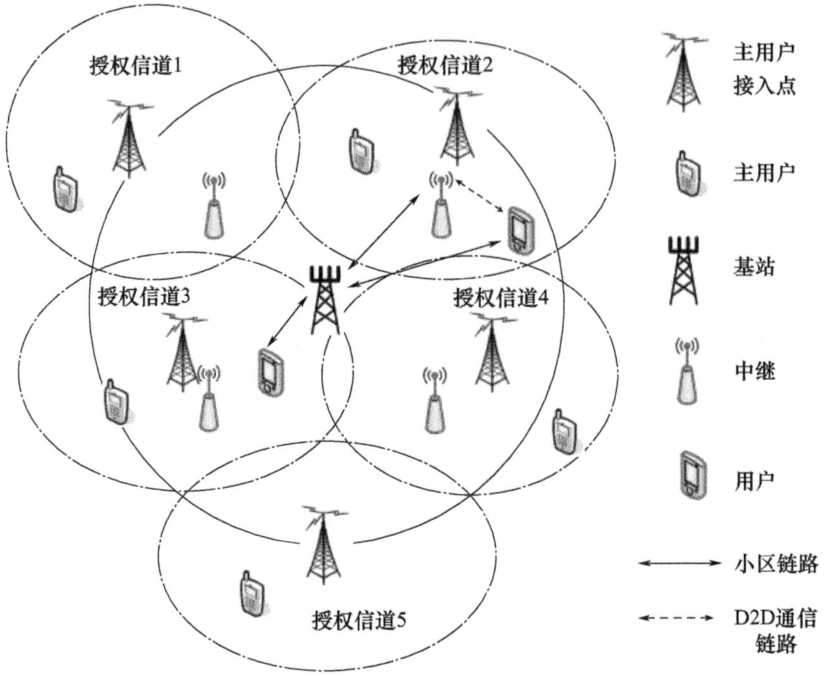

图 7-2 D2D 通信辅助协作框架的示意图

进一步，我们做出如下假设。

(1) 蜂窝网络。中继采用解码转发协议，采用和基站一致的码书。部署在一个小区中的中继数量是有限的，一个中继可以同时为多个用户提供服务。多个小区子信道可以被分配给基站或中继至同一个用户的传输（采用半双工协作模式）。此外，小区子信道和白区子信道具有相等的带宽，一个小区子信道可以和一个白区子信道配对以构成全双工协作。本章考虑低速移动的用户，网络工作在慢衰落环境中，信道质量在一个 OFDMA 帧的时长内（约 5ms）基本保持不变，并且精确的信道估计是可以获取的。在同一时间段内，一个小区子信道或白区子信道只能被分配给基站或中继至一个用户的传输，这意味着不存在小区内的子信道复用。

(2) 主用户网络。假设一些独立的主用户网络和小区在地理上相互重叠，则多个中继可以进行协作频谱感知以定位和利用白区子信道并防止主用户受到过量的干扰。各个主用户网络工作在正交的授权信道上，其带宽相当于若干个白区子信道。主用户网络具有一定的保护范围，如果中继至用户的传输发生在某个主用户网络的保护区域内，则该传输只能在主用户网络空闲时才可使用相应的授权信道；反之，只要发射功率是受限的，该传输可在任何时候使用该授权信道。由于地理上的差异性,不同中继至用户的传输可能经历不同的白区子信道。所提框架可以很好地利用这种差异性以制造更多的传输机会。这里假设主用户网络的状态(活跃或是空闲)在一个 OFDMA 帧内保持不变。

在所提框架中,下行数据流有三种传输模式,对应三种 OFDMA 帧结构。

(1)直接传输模式。在当前 OFDMA 帧内,基站在小区子信道 C_1 上发送数据流至用户,中继保持静默状态,如图 7-3(a)所示。

(2)半双工协作模式。数据流占用小区子信道 C_1,中继在相同的子信道 C_1 上协助数据流的传输。在前半帧,中继接收并解码来自基站的数据流。在后半帧,中继编码并转发已接收到的数据流给对应的用户。后半帧时基站在子信道 C_1 上保持静默,用户将两个半帧上接收到的数据流进行合并,如图 7-3(b)所示。

(3)全双工协作模式。中继在一个白区子信道 C_2 上协助数据流的传输(频带外 D2D 通信)。中继在 C_2 上一个符号接一个符号地解码并转发数据流。与此同时,基站在 C_1 上发送数据流,用户将两个子信道上接收到的数据流进行合并,如图 7-3(c)所示。

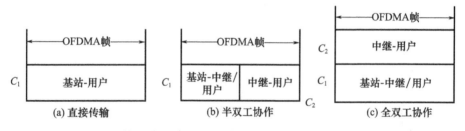

图 7-3　不同传输模式的 OFDMA 帧结构示意图(只展示了部分子信道)

出于尽量不改动原有基础设施的考虑,所提框架中的基站并不需要具备认知无线电功能,它只需工作在小区频段。在所提框架中,基站集成了一个集中式的传输调度器,在每个 OFDMA 帧的开头为小区中的用户进行传输调度以最大化下行非实时数据传输的总体效用。传输调度器利用当前 OFDMA 帧各个链路的信道质量和主用户网络状态等信息,综合考虑传输模式选择、中继选择、子信道分配及发射功率控制。7.3 节将给出最优化传输调度策略。

7.3　最优化传输调度策略

本节提出所提框架下的最优化传输调度策略。定义 Φ、Ω、Ψ_1 和 Ψ_2 分别为用户、中继、小区子信道和白区子信道的集合。$m \in \Phi = \{1, 2, \cdots, K\}$ 既表示一个用户也表示到该用户的数据流。$r \in \Omega = \{1, 2, \cdots, J\}$ 表示一个中继。$c_D \in \Psi_1 = \{1, 2, \cdots, N\}$ 和 $c_W \in \Psi_2 = \{N+1, N+2, \cdots, N+SG\}$ 分别表示一个小区子信道和

一个白区子信道,其中,S 为和小区范围重叠的主用户网络数量,G 为每个授权信道可以支持的正交白区子信道的数量。

7.3.1 授权信道可用性分析

定义 $Q(t) = \{Q_s(t)\}_S$ 为主用户网络在第 t 个 OFDMA 帧期间的状态,$Q_s(t)$ 取值 0 或 1,$Q_s(t) = 1$ 表示工作在授权信道 s 上的主用户网络为活跃状态。反之,$Q_s(t) = 0$。$Q(t)$ 根据一个有限状态遍历马尔可夫链演变。在一个 OFDMA 帧内,根据中继和用户的当前地理位置以及主用户网络的状态,可以获得中继至用户链路可以接入的授权信道的集合。每个中继都有可能为小区中的所有用户中继信息,因而最大可能的中继至用户的链接数为 JK。定义授权信道可用性矩阵 $V(t) = \{V_{r,m}^s(t)\}_{S \times JK}$,其中:

$$V_{r,m}^s(t) = \begin{cases} 0, & \text{中继 } r \text{ 至用户 } m \text{ 的链路可以使用信道 } s \\ 1, & \text{其他情况} \end{cases} \quad (7.1)$$

7.3.2 可达速率估计

如 7.2 节所述,每条数据流在一个小区子信道上只能工作在三种传输模式中的一种,如图 7-3 所示。不失一般性,噪声被建模成独立同分布的循环对称复高斯噪声 $\mathcal{CN}(0, N_0 W)$,其中,W 为一个子信道的带宽,N_0 为噪声的功率谱密度。下面分别给出数据流在不同传输模式下可达速率的估计方法。

1) 直接传输模式

首先定义 $R_1(m, c_D, P_{BS}^{c_D})$ 为小区子信道 $c_D \in \Psi_1$ 上的可达速率,该子信道被分配给数据流 m,$P_{BS}^{c_D}$ 为基站在子信道 c_D 上的发射功率。根据频谱效率公式(比特/秒/赫,b/s/Hz),可以得到

$$R_1(m, c_D, P_{BS}^{c_D}) = \log_2 \left(1 + \frac{P_{BS}^{c_D} \cdot |h_{m,c_D}|^2}{\Gamma N_0 W} \right) \quad (7.2)$$

式中:Γ 为可达速率和香农容量之间的差异,其取值和目标误码率及采用的调制编码技术相关;为简明起见,Γ 在本章中设为 1;h_{m,c_D} 表示从基站到第 m 个用户在小区子信道 c_D 上的信道质量。

2) 半双工协作模式

定义 $R_2(m, c_D, P_{BS}^{c_D}, r, P_r^{c_D})$ 为在小区子信道 $c_D \in \Psi_1$ 上的可达速率,该子信道被分配给数据流 m,中继 $r \in \Omega$ 工作在 c_D 上,发射功率为 $P_r^{c_D}$。对于半双工协作模式,基站和中继在同一个小区子信道上进行传输,在两个半帧上分别发送信号。在第一个半帧,基站发送信号至用户和中继,中继尝试解码来自基站的信号。在第二个半帧,中继发送信号至用户,基站在第二个半帧保持静默。之后,用户通过最大比合并(Maximum Ratio Combining)法合并收到的两个信号。根据

文献[102]，可达速率可按下式进行估计：

$$R(m, c_\mathrm{D}, P_\mathrm{BS}^{c_\mathrm{D}}, r, P_r^{c_\mathrm{D}}) = \frac{1}{2}\min\left\{\log_2\left(1 + \frac{2P_\mathrm{BS}^{c_\mathrm{D}} \cdot |h_{r,c_\mathrm{D}}|^2}{\Gamma N_0 W}\right)\log_2\right.$$

$$\left.\left(1 + \frac{2P_\mathrm{BS}^{c_\mathrm{D}} \cdot |h_{m,c_\mathrm{D}}|^2 + 2P_r^{c_\mathrm{D}} \cdot |h_{r,m,c_\mathrm{D}}|^2}{\Gamma N_0 W}\right)\right\} \quad (7.3)$$

式中：右侧之前的系数 1/2 和 $P_\mathrm{BS}^{c_\mathrm{D}}$ 与 $P_r^{c_\mathrm{D}}$ 之前的系数 2 表明半双工协作是工作在两个半帧上的；h_{r,c_D}、h_{m,c_D} 和 h_{r,m,c_D} 分别表示从基站到第 r 个中继、基站到第 m 个用户和第 r 个中继到第 m 个用户在小区子信道 c_D 上的信道质量。

显然，当 $|h_{r,c_\mathrm{D}}| > |h_{m,c_\mathrm{D}}|$ 时，如果中继的发射功率足够大，协作通信可以获得比直接传输更高的速率。然而，当中继发射功率从 0 开始增大时，可达速率先增加，但是当中继发射功率到达一定值后，可达速率保持不变。这是因为更高的速率会导致中继解码失败。因此，通过解以下方程

$$\log_2\left(1 + \frac{2P_\mathrm{BS}^{c_\mathrm{D}} \cdot |h_{r,c_\mathrm{D}}|^2}{\Gamma N_0 W}\right) = \log_2\left(1 + \frac{2P_\mathrm{BS}^{c_\mathrm{D}} \cdot |h_{m,c_\mathrm{D}}|^2 + 2P_r^{c_\mathrm{D}} \cdot |h_{r,m,c_\mathrm{D}}|^2}{\Gamma N_0 W}\right)$$

$$(7.4)$$

可以得到中继发射功率的阈值为

$$\tilde{P}_r^{c_\mathrm{D}} = \frac{|h_{r,c_\mathrm{D}}|^2 - |h_{m,c_\mathrm{D}}|^2}{|h_{r,m,c_\mathrm{D}}|^2} \cdot P_\mathrm{BS}^{c_\mathrm{D}} \quad (7.5)$$

3）全双工协作模式

定义 $R_3(m, c_\mathrm{D}, P_\mathrm{BS}^{c_\mathrm{D}}, r, c_\mathrm{W}, P_r^{c_\mathrm{W}})$ 为在小区子信道 $c_\mathrm{D} \in \Psi_1$ 和白区子信道 $c_\mathrm{W} \in \Psi_2$ 上的可达速率，这两个子信道被分配给数据流 m，中继 $r \in \Omega$ 工作在白区子信道 c_W 上，发射功率为 $P_r^{c_\mathrm{W}}$。对于全双工协作模式，基站和中继同时在两个子信道上进行传输。因此，可达速率为

$$R_3(m, c_\mathrm{D}, P_\mathrm{BS}^{c_\mathrm{D}}, r, c_\mathrm{W}, P_r^{c_\mathrm{W}}) = \min\left\{\log_2\left(1 + \frac{P_\mathrm{BS}^{c_\mathrm{D}} \cdot |h_{r,c_\mathrm{D}}|^2}{\Gamma N_0 W}\right),\right.$$

$$\left.\log_2\left(1 + \frac{P_\mathrm{BS}^{c_\mathrm{D}} \cdot |h_{m,c_\mathrm{D}}|^2 + P_r^{c_\mathrm{W}} \cdot |h_{r,m,c_\mathrm{W}}|^2}{\Gamma N_0 W}\right)\right\} \quad (7.6)$$

式中：h_{r,c_D} 和 h_{m,c_D} 分别表示从基站到第 r 个中继和基站到第 m 个用户在小区子信道 c_D 上的信道质量；h_{r,m,c_W} 表示从第 r 个中继到第 m 个用户在白区子信道 c_W 上的信道质量。

值得注意的是，式(7.6)右侧之前没有系数 1/2，这是因为在全双工协作模式下，小区链路（基站至中继/用户）和 D2D 通信链路（中继至用户）从长期来看是同时进行的。类似地，当 $|h_{r,c_\mathrm{D}}| > |h_{m,c_\mathrm{D}}|$ 时，中继发射功率的阈值为

$$\tilde{P}_r^{c_\mathrm{W}} = \frac{|h_{r,c_\mathrm{D}}|^2 - |h_{m,c_\mathrm{D}}|^2}{|h_{r,m,c_\mathrm{W}}|^2} \cdot P_\mathrm{BS}^{c_\mathrm{D}} \quad (7.7)$$

7.3.3 优化问题的数学描述

针对非实时数据传输,传输调度策略的优化问题为最大化网络效用。效用函数为一个用户数据流的数据速率的一个凹的递增函数,反映了用户对非实时数据传输的满意程度。效用函数的选择取决于上层应用(多媒体文件下载业务或网页浏览业务)以及公平性考虑。为简明起见,定义 $U_m(\cdot)$ 为数据流 m 的数据速率的效用函数。此外,定义三个 0-1 指示变量 $\alpha_m^{c_D}$、β_m^{r,c_D} 和 γ_m^{r,c_D,c_W}。$\alpha_m^{c_D}$ 指示小区子信道 c_D 是否被分配给数据流 m 来进行直接传输;β_m^{r,c_D} 指示第 r 个中继和小区子信道 c_D 是否被分配给数据流 m 工作在半双工协作模式下;γ_m^{r,c_D,c_W} 指示第 r 个中继、小区子信道 c_D 和白区子信道 c_W 是否被分配给数据流 m 工作在全双工协作模式下。数据流 m 的数据速率(b/s)可以表示为

$$\begin{aligned}\lambda_m = & W\sum_{c_D\in\psi}R_1(m,c_D,P_{BS}^{c_D})\alpha_m^{c_D} \\ & + W\sum_{c_D\in\psi}\sum_{r\in\Omega}R_2(m,c_D,P_{BS}^{c_D},r,P_r^{c_D})\beta_m^{r,c_D} \\ & + W\sum_{c_D\in\psi}\sum_{c_W\in\xi}\sum_{r\in\Omega}R_3(m,c_D,P_{BS}^{c_D},r)\gamma_m^{r,c_D,c_W},\forall m\in\Phi\end{aligned} \quad (7.8)$$

因此,对于每个 OFDMA 帧,优化目标为

$$\max \sum_{m\in\Phi}U_m(\lambda_m)$$

$$\begin{aligned}\text{s.t.} \ & \sum_{m\in\Phi}(\alpha_m^{c_D}+\sum_{r\in\Omega}\beta_m^{r,c_D}+\sum_{c_W\in\Psi_2}\sum_{r\in\Omega}\gamma_m^{r,c_D,c_W}) \leq 1, \quad \forall c_D\in\Psi_1 \\ & \sum_{m\in\Phi}\sum_{c_D\in\Psi_2}\sum_{r\in\Omega}\gamma_m^{r,c_D,c_W} \leq 1, \quad \forall c_W\in\Psi_2 \\ & \sum_{m\in\Phi}\sum_{c_D\in\Psi_1}\sum_{r\in\Omega}[\gamma_m^{r,c_D,c_W}\cdot V_{r,m}^{f(c_W)}] = 0, \quad \forall c_W\in\Psi_2 \\ & \sum_{c_D\in\psi}P_{BS}^{c_D} \leq \overline{P}_{BS} \\ & \sum_{c_D\in\psi}P_r^{c_D}+\sum_{c_W\in\xi}P_r^{c_W} \leq \overline{P}_{RS}, \forall r\in\Omega\end{aligned} \quad (7.9)$$

其中,约束条件如下。

(1)小区子信道分配约束如前文所述,在一个 OFDMA 帧内,每个小区子信道只能被分配给一个数据流,工作在三种模式中的一种。因此,我们有

$$\sum_{m\in\Phi}(\alpha_m^{c_D}+\sum_{r\in\Omega}\beta_m^{r,c_D}+\sum_{c_W\in\Psi_2}\sum_{r\in\Omega}\gamma_m^{r,c_D,c_W}) \leq 1, \quad \forall c_D\in\Psi_1 \quad (7.10)$$

(2)白区子信道分配约束。显然,每个白区子信道只能和一个小区子信道配对。因此,我们有

$$\sum_{m \in \Phi} \sum_{c_\mathrm{D} \in \Psi_2} \sum_{r \in \Omega} \gamma_m^{r,c_\mathrm{D},c_\mathrm{W}} \leq 1, \quad \forall c_\mathrm{W} \in \Psi_2 \tag{7.11}$$

此外,每个被分配的白区子信道对于相应的 D2D 通信链路必须是可用的。映射函数 $s = f(c_\mathrm{W})$ 表示白区子信道 c_W 属于授权信道 s,我们有

$$\sum_{m \in \Phi} \sum_{c_\mathrm{D} \in \Psi_1} \sum_{r \in \Omega} [\gamma_m^{r,c_\mathrm{D},c_\mathrm{W}} \cdot V_{r,m}^{f(c_\mathrm{W})}] = 0, \quad \forall c_\mathrm{W} \in \Psi_2 \tag{7.12}$$

(3) 功率约束。基站在所有小区子信道上的发射功率预算满足约束条件:

$$\sum_{c_\mathrm{D} \in \psi} P_\mathrm{BS}^{c_\mathrm{D}} \leq \overline{P}_\mathrm{BS} \tag{7.13}$$

类似地,每个中继在所有小区子信道和白区子信道上的发射功率预算满足约束条件:

$$\sum_{c_\mathrm{D} \in \psi} P_r^{c_\mathrm{D}} + \sum_{c_\mathrm{W} \in \xi} P_r^{c_\mathrm{W}} \leq \overline{P}_\mathrm{RS}, \forall r \in \Omega \tag{7.14}$$

7.3.4 偶分解法获取传输调度方案

式(7.9)为一个混合整数规划问题,直接求解比较困难。根据文献[122]中的证明,问题式(7.9)在子信道数量较大时可以被转化为凸优化问题。本节基于拉格朗日对偶分解法获取问题式(7.9)的最优解。

1. 基于对偶分解的跨层优化

首先用辅助变量 d_m ($\forall m \in \Phi$) 表示每个用户的应用层需求。式(7.9)重写为

$$\max \sum_{m \in \Phi} U_m(d_m), \quad \text{s.t. 式(7.10)} \sim \text{式(7.14)}, \lambda_m \geq d_m, \forall m \tag{7.15}$$

由于 U_m 是凹的递增函数,当 $\lambda_m = d_m, \forall m$ 时,式(7.15)中的目标函数可以最大化,因而式(7.9)和式(7.15)具有相同的解。引入拉格朗日乘子向量 θ,则式(7.15)的对偶方程可以写为

$$g(\theta) = \begin{cases} \max \sum_{m \in \Phi} [U_m(d_m) + \theta_m(\lambda_m - d_m)] \\ \text{s.t.} \sum_{m \in \Phi} (\alpha_m^{c_\mathrm{D}} + \sum_{r \in \Omega} \beta_m^{r,c_\mathrm{D}} + \sum_{c_\mathrm{W} \in \Psi_2} \sum_{r \in \Omega} \gamma_m^{r,c_\mathrm{D},c_\mathrm{W}}) \leq 1, \quad \forall c_\mathrm{D} \in \Psi_1 \\ \sum_{m \in \Phi} \sum_{c_\mathrm{D} \in \Psi_2} \sum_{r \in \Omega} \gamma_m^{r,c_\mathrm{D},c_\mathrm{W}} \leq 1, \quad \forall c_\mathrm{W} \in \Psi_2 \\ \sum_{m \in \Phi} \sum_{c_\mathrm{D} \in \Psi_1} \sum_{r \in \Omega} [\gamma_m^{r,c_\mathrm{D},c_\mathrm{W}} \cdot V_{r,m}^{f(c_\mathrm{W})}] = 0, \quad \forall c_\mathrm{W} \in \Psi_2 \\ \sum_{c_\mathrm{D} \in \psi} P_\mathrm{BS}^{c_\mathrm{D}} \leq \overline{P}_\mathrm{BS} \\ \sum_{c_\mathrm{D} \in \psi} P_r^{c_\mathrm{D}} + \sum_{c_\mathrm{W} \in \xi} P_r^{c_\mathrm{W}} \leq \overline{P}_\mathrm{RS}, \forall r \in \Omega \end{cases}$$

$$\tag{7.16}$$

式中：$\theta_m (m \in \Phi)$ 为 θ 的一个元素。

对偶函数式(7.16)可以被分解为两个优化问题。第一个优化问题为效用最大化问题，即应用层的速率适应问题：

$$g_{\mathrm{appl}}(\theta) = \max_{d_m, \forall m \in \Phi} \sum_{m \in \Phi} [U_m(d_m) - \theta_m d_m] \quad (7.17)$$

第二个优化问题是一个物理层的联合的传输模式选择、中继选择、子信道分配及发射功率控制问题：

$$g_{\mathrm{phy}}(\theta) = \begin{cases} \max \sum_{m \in \Phi} \theta_m \lambda_m \\ \mathrm{s.t.} \sum_{m \in \Phi} \left(\alpha_m^{c_D} + \sum_{r \in \Omega} \beta_m^{r,c_D} + \sum_{c_W \in \Psi_2} \sum_{r \in \Omega} \gamma_m^{r,c_D,c_W} \right) \leq 1, \quad \forall c_D \in \Psi_1 \\ \sum_{m \in \Phi} \sum_{c_D \in \Psi_2} \sum_{r \in \Omega} \gamma_m^{r,c_D,c_W} \leq 1, \quad \forall c_W \in \Psi_2 \\ \sum_{m \in \Phi} \sum_{c_D \in \Psi_1} \sum_{r \in \Omega} [\gamma_m^{r,c_D,c_W} \cdot V_{r,m}^{f(c_W)}] = 0, \quad \forall c_W \in \Psi_2 \\ \sum_{c_D \in \psi} P_{\mathrm{BS}}^{c_D} \leq \overline{P}_{\mathrm{BS}} \\ \sum_{c_D \in \psi} P_r^{c_D} + \sum_{c_W \in \xi} P_r^{c_W} \leq \overline{P}_{\mathrm{RS}}, \forall r \in \Omega \end{cases}$$

$$(7.18)$$

由于式(7.15)和文献[47]中的问题在结构上一致，当子信道数量趋近于无穷大时，式(7.15)具有零对偶间隙[122]，故式(7.15)可以通过最小化对偶函数式(7.16)来求解：

$$\begin{aligned} &\min g(\theta) \\ &\mathrm{s.t.} \ \theta \geq 0 \end{aligned} \quad (7.19)$$

对偶问题式(7.19)可以通过次梯度法[63]来求解，具体步骤如下。

步骤1：初始化 $\theta^{(0)}$。

步骤2：给定 $\theta^{(l)}$，分别求解式(7.17)和式(7.18)来获取最优解 $\widehat{d}_m$ 和 $\widehat{\lambda}_m$。

步骤3：进行 θ 更新，其中，步长 $v^{(l)}$ 的取值遵循递减原则：

$$\theta_m^{(l+1)} = [\theta_m^{(l)} + v_m^{(l)} (\widehat{d}_m - \widehat{\lambda}_m)]^+ \quad (7.20)$$

式中：$[\cdot]^+$ 将负值变为0；返回**步骤2**直至收敛。

值得注意的是，对偶变量 θ 可以被认为是数据流数据速率的价格。当用户的需求超过数据速率时，θ_m 增长；反之则 θ_m 减小。

和式(7.18)相比，式(7.17)较容易解决。不失一般性，我们定义每条数据流的效用函数为

$$U(x) = \begin{cases} k_1(1 - e^{-k_2 x}), & x \geq 0 \\ -\infty, & x < 0 \end{cases} \quad (7.21)$$

通过计算式(7.21)的导数并将其设为0,可以得到最优解为

$$\widehat{d}_m = \left[-\frac{1}{k_2} ln \frac{\theta_m}{k_1 k_2} \right]^+ \quad (7.22)$$

式中:k_1决定了效用函数的上界;k_2反映了用户的应用层需求。

2. 基于对偶分解的发射功率约束消除

本小节将给出式(7.18)的解。简明起见,假设基站在每个小区子信道上的发射功率是一样的,预设为P_{BS}^o,并且$P_{BS}^o \leq \frac{\overline{P}_{BS}}{N}$。该假设的合理性在于,基站在每个小区子信道上分配相同的发射功率可以保证每个中继在监听各个小区子信道上的信号时具有相似的解码成功率,因而每个中继都具有为所有用户提供协助的可能性。

引入拉格朗日乘子矩阵μ到发射功率约束式(7.14)中,对偶函数可以写为

$$\alpha(\mu) = \begin{cases} \max \sum_{m \in \Phi} \theta_m \lambda_m + \sum_{r \in \Omega} \mu_r (\overline{P}_r - \sum_{c_D \in \Psi_1} P_r^{c_D} - \sum_{c_W \in \Psi_2} P_r^{c_W}) \\ \text{s.t. } \sum_{m \in \Phi} (\alpha_m^{c_D} + \sum_{r \in \Omega} \beta_m^{r,c_D} + \sum_{c_W \in \Psi_2} \sum_{r \in \Omega} \gamma_m^{r,c_D,c_W}) \leq 1, \quad \forall c_D \in \Psi_1 \\ \sum_{m \in \Phi} \sum_{c_D \in \Psi_2} \sum_{r \in \Omega} \gamma_m^{r,c_D,c_W} \leq 1, \quad \forall c_W \in \Psi_2 \end{cases}$$

(7.23)

其中,我们移除了约束式(7.12)。$\mu_r (r \in \Omega)$是μ的一个元素。

当μ_r给定时,$\sum_{r \in \Omega} \mu_r \overline{P}_r$在式(7.23)中是一个常量,我们给出如下优化问题:

$$\max \sum_{m \in \Phi} \theta_m \lambda_m - \sum_{r \in \Omega} (\mu_r \sum_{c_D \in \Psi_1} P_r^{c_D}) - \sum_{r \in \Omega} (\mu_r \sum_{c_W \in \Psi_2} P_r^{c_W})$$

$$\text{s.t. } \sum_{m \in \Phi} (\alpha_m^{c_D} + \sum_{r \in \Omega} \beta_m^{r,c_D} + \sum_{c_W \in \Psi_2} \sum_{r \in \Omega} \gamma_m^{r,c_D,c_W}) \leq 1, \quad \forall c_D \in \Psi_1 \quad (7.24)$$

$$\sum_{m \in \Phi} \sum_{c_D \in \Psi_2} \sum_{r \in \Omega} \gamma_m^{r,c_D,c_W} \leq 1, \quad \forall c_W \in \Psi_2$$

显然,式(7.24)等效于式(7.23)。

由于式(7.18)具有零对偶间隙[47],它可以通过最小化对偶函数式(7.23)得以解决:

$$\begin{aligned} &\min \alpha(\mu) \\ &\text{s.t. } \mu \geq 0 \end{aligned} \quad (7.25)$$

类似地,可以通过次梯度法来求解该对偶问题。

步骤1:初始化$\mu^{(0)}$。

步骤2:给定$\mu^{(l)}$,求解式(7.24)来获取最优解$\widehat{P}_r^{c_D}$和$\widehat{P}_r^{c_W}$。

步骤3:进行μ更新,其中,步长$\varepsilon^{(l)}$遵循递减原则:

$$\mu_r^{(l+1)} = [\mu_r^{(l)} + \varepsilon_r^{(l)}(\sum_{c_D \in \Psi_1} P_r^{c_D} + \sum_{c_W \in \Psi_2} P_r^{c_W} - \overline{P}_r)]^+ \qquad (7.26)$$

式中：对偶变量 μ 可以被认为是中继发射功率的价格，当中继的发射功率消耗超过预算时，μ_r 增长；反之则 μ_r 减小；返回**步骤 2** 直至收敛。

3. 二分图最大权匹配问题转化

可通过观察式(7.24)的结构，给出如下定理。

定理 7.1：如果一个优化问题可以被描述为式(7.24)，则该问题等效为一个二分图最大权匹配问题。

证明：如图 7-4 所示，构造一个二分图 $A = (\Psi_1 \times \Psi, E)$，其中，$\Psi_1$ 是小区子信道的集合，Ψ 是小区子信道和白区子信道的集合，即 $\Psi = \Psi_1 \cup \Psi_2$。当 $c_T \in \Psi_1$ 时，c_T 代表一个小区子信道；当 $c_T \in [N+1, N+SG]$ 时，c_T 代表一个白区子信道。边集 E 表示 $|\Psi_1||\Psi|$ 条连接两个集合中所有可能的子信道对子。每条边 (c_D, c_T) 有四个属性，$(\omega_{c_D, c_T}, m_{c_D, c_T}, r_{c_D, c_T}, P_{c_D, c_T})$，其中，权重 ω_{c_D, c_W} 被映射为在子信道对子 (c_D, c_T) 上的数据流 m_{c_D, c_T} 被中继 r_{c_D, c_T} 以 P_{c_D, c_T} 的功率协助而产生的数据速率。通过上述映射，二分图最大权匹配的过程等效于传输模式选择、中继选择、子信道分配及发射功率控制的过程。因此，式(7.24)等效为一个二分图最大权匹配问题。

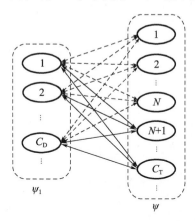

图 7-4　与式(7.24)等效的二分图最大权匹配问题

为了构建二分图，下面分三种情况计算二分图中每条边上的四种属性。

情况 1：$c_D = c_T \in \Psi_1$。在该情况下，传输模式可以是直接传输或者是半双工协作。

定义

$$g_1(m) = \theta_m WR_1(m, c_D, P_{BS}^o) \qquad (7.27)$$

$$g_2(m, r, P_r^{c_D}) = \theta_m WR_2(m, c_D, P_{BS}^o, r, P_r^{c_D}) - \mu_r P_r^{c_D} \qquad (7.28)$$

可以得到

$$\omega_{c_D,c_T} = \max\{\max_m g_1(m), \max_{m,r,P_r^{c_D}} g_2(m,r,P_r^{c_D})\} \qquad (7.29)$$

为了最大化 $g_1(m)$，搜索 $m \in \Phi$ 并找到最优的 $\hat{m}$。类似的，获取最优的 $(\hat{m}, \hat{r}, \widehat{P_r^{c_D}})$ 来使得 $g_2(m,r,P_r^{c_D})$ 最大化。

当 $\max_m g_1(m) \geq \max_{m,r,P_r^{c_D}} g_2(m,r,P_r^{c_D})$ 时，有

$$\begin{cases} m_{c_D,c_T} = \arg\max_m g_1(m) \\ r_{c_D,c_T} = 0 \\ P_{c_D,c_T} = 0 \end{cases} \qquad (7.30)$$

否则

$$(m_{c_D,c_T}, r_{c_D,c_T}, P_{c_D,c_T}) = \arg\max_{m,r,P_r^{c_D}} g_2(m,r,P_r^{c_D}) \qquad (7.31)$$

情况 2：$c_D \neq c_T \in \Psi_1$。显然，在两个不同的小区子信道之间是无法配对的，因此，有

$$\begin{cases} \omega_{c_D,c_T} = 0 \\ m_{c_D,c_T} = 0 \\ r_{c_D,c_T} = 0 \\ P_{c_D,c_T} = 0 \end{cases} \qquad (7.32)$$

情况 3：$c_T \in \Psi_2$。该情况对应的传输模式是工作在小区子信道和白区子信道上的全双工协作，定义

$$g_3(m,r,P_r^{c_T}) = \theta_m W R_3(m,c_D,P_{BS}^o,r,c_T,P_r^{c_T}) - \mu_r P_r^{c_T} \qquad (7.33)$$

我们有

$$\omega_{c_D,c_T} = \max_{m,r,P_r^{c_T}} g_3(m,r,P_r^{c_T}) \qquad (7.34)$$

$$(m_{c_D,c_T}, r_{c_D,c_T}, P_{c_D,c_T}) = \arg\max_{m,r,P_r^{c_T}} g_3(m,r,P_r^{c_T}) \qquad (7.35)$$

与情况 2 类似，获取最优的 $(\hat{m}, \hat{r}, \widehat{P_r^{c_T}})$ 来使得 $g_3(m,r,P_r^{c_T})$ 最大化。

二分图最大权匹配问题可以通过多项式时间复杂度的算法求得最优解，如匈牙利算法就是一个常用的解法[124]。因为构造二分图的时间复杂度为 $O(|\Psi_1||\Psi||\Phi||\Omega|)$，故式(7.24)的求解为多项式时间复杂度。不难推知整个传输调度算法同样为多项式时间复杂度，这有利于被部署在实际系统中。

7.4 仿真结果及性能评估

计算机仿真考虑一个以基站为中心、半径为 1000m 的 OFDMA 蜂窝网络小区。4 个中继均匀分布在一个以基站为中心、半径等于 500m 的圆环上，用户在

小区内均匀分布。小区和 3 个主用户网络相重叠,主用户网络的保护半径设为 1000m。每个主用户网络工作在一个授权信道上,可以支持 3 个白区子信道。每个授权信道的状态被建模成一个马尔可夫 ON – OFF 过程。子信道的带宽为 200kHz。总共有 30 个可用的小区子信道,其载波中心频率为 2000MHz;白区子信道的载波中心频率为 700MHz。基站的最大总发射功率为 25dBm,中继的最大总发射功率为 19dBm。基站、中继和用户之间的信道建模参考 IEEE 802.16j 工作组推荐的 COST – 231 模型[129],该模型综合考虑城市环境下的链路损耗、大尺度阴影和小尺度的衰落。视距通信的小尺度衰落被表示为莱斯(Rician)随机变量,非视距通信的小尺度衰落被表示为瑞利(Rayleigh)随机变量。由于基站和中继都被放置在离地面有一定高度的位置,它们之间的链路以视距成分为主;由于建筑物遮挡,基站/中继至用户的链路以非视距成分为主,其他信道模型相关参数在表 7 – 1 中列出。用户的满意吞吐量设为 7.0Mb/s,则效用函数的参数可以被相应设定出来,满意吞吐量的效用能达到最大可达效用的 90%。我们考虑 3 种不同的框架。

(1) 基线:基线框架只能使用直接传输模式而不使用协作通信,可以认为是所提框架的特殊情况,在进行频谱分配时强制设定 $\beta_m^{r,c_D}=0(\forall m,r,c_D)$ 及 $\gamma_m^{r,c_D,c_W}=0(\forall m,r,c_D,c_W)$。

(2) 传统协作:传统协作框架使用直接传输模式和半双工协作模式,可以被认为是所提框架的特殊情况,在进行频谱分配时强制设定 $\gamma_m^{r,c_D,c_W}=0(\forall m,r,c_D,c_W)$。

(3) 所提框架:所提框架可以灵活选择直接传输模式、半双工协作模式和全双工协作模式,采用最优化频谱分配策略。

表 7 – 1 信道模型参数

参　数	取　值
对数正态阴影	非视距:0 均值,8dB 标准差
	视距:0 均值,3.4dB 标准差
基站天线高度	50m
中继天线高度	50m
用户天线高度	1.5m
市区屋顶平均高度	30m
道路夹角	90°
建筑物间距	50m
街道宽度	12m
白噪声功率谱密度	–174dBm/Hz

在比较所提框架和其他两种框架的性能时,我们采纳以下性能指标。

(1) 网络效用：网络效用定义为小区中所有用户的效用之和。网络效用反映了蜂窝网络中用户的满意级别，在 0~1 间变化。

(2) 网络吞吐量：网络吞吐量定义为小区中所有用户的吞吐量之和。

(3) 吞吐量增益：吞吐量增益定义为某个框架下的网络吞吐量相比于基线框架下网络吞吐量的比率。如果某个框架的吞吐量增益大于 100%，则说明该框架具有比基线框架更好的性能。

(4) 公平性：简式公平性指标（Jain's Fairness Index）[122] 被用作公平性指标，其定义为

$$f = \frac{(\sum_{m=1}^{K} \lambda_m)^2}{K \sum_{m=1}^{K} \lambda_m^2} \qquad (7.36)$$

式中：λ_m 为第 m 个用户的数据速率。简式公平性指标在 $1/K$ 和 1 之间变化（K 为小区中的用户总数）。该指标趋向 1 时，系统更加公平。

我们在重复实验中测量上述性能指标并取均值。每一次重复试验都改变相关网络的参数配置，如随机化用户在小区中的位置、重置信道质量和主用户网络状态等。

首先用户的数量被设为 4。主用户网络的状态从 ON（活跃）到 OFF（空闲）的转移概率为 0.2，反之也为 0.2，因此主用户网络的传输负荷为 0.5。不同框架下的性能比较见图 7-5，可以得到如下结论。

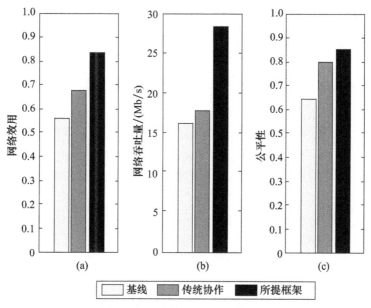

图 7-5　不同框架下的性能比较

(1) 协作通信框架(包括传统协作和所提框架)可以取得比非协作框架(基线)更高的网络效用,所提框架取得的网络效用是所有三种框架中最高的。

(2) 相比于基线框架,传统协作框架可以轻微地将网络吞吐量提升 10%。而所提框架在主用户网络的传输负荷较高时($\rho=0.5$)仍可以极大地将网络吞吐量提升 76.5%。

(3) 相比于基线框架,传统协作可以取得更好的公平性,而所提框架可以获得在所有框架中最好的公平性。

显然,所提框架取得的性能明显优于其他两种框架,其原因主要有以下几点。

(1) 所提框架通过机会式接入的方式获取白区子信道,具有比通常使用的小区子信道更好地传播特性。

(2) 所提框架利用频带外 D2D 通信构成全双工协作,在相同的小区子信道条件下能获得比半双工协作更高的可达速率。

(3) 所提框架采用了最优化的传输调度策略,能够有效利用各种资源。

进一步,我们观察小区中用户数量对三种框架所取得性能的影响。如图 7-6 所示,三种框架下的网络效用均随着小区用户数量的增加而下降。主要原因在于,当用户数量增加时,每个用户可以获得的平均资源减少了。

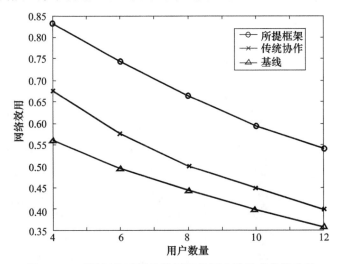

图 7-6 不同框架下网络效用随着用户数量变化的曲线

得益于用户分集,三种框架下的网络吞吐量随着小区用户数量的增加而提高,如图 7-7 所示。

图 7-8 表明,三种框架下的公平性随着小区用户数量的增加而变差。然而,在不同的小区用户数量情况下,所提框架在网络效用、网络吞吐量和公平性方面均取得了比其他两种框架更好的性能。

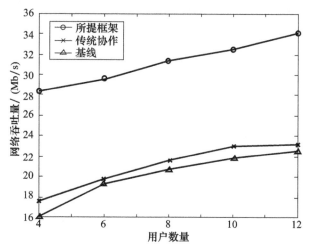

图 7-7 不同框架下网络吞吐量随着用户数量变化的曲线

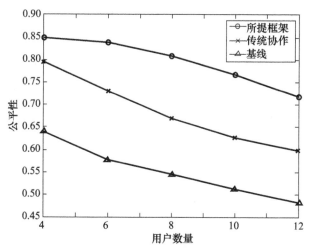

图 7-8 不同框架下公平性随着用户数量变化的曲线

最后,图 7-9 展示了所提框架和传统协作框架在不同用户数量下,吞吐量增益随主用户网络传输负荷变化的曲线。可以观测到,当主用户网络的传输负荷从 0(最轻)到 1(最重)变化时,所提框架的吞吐量增益会下降。当主用户网络的传输负荷为 0 时,得到的吞吐量增益是所提框架的性能上界。当用户数量为 4 时,可以看到吞吐量增益的上界只是比主用户网络传输负荷为 0.5 时的吞吐量增益轻微地提高了 6.25%。该结果表明所提框架对于主用户网络的传输负荷变化具有较强的鲁棒性,这得益于在认知无线电环境下,空间分集能提供更为丰富的传输机会[127]。也就是说,如果一条频带外 D2D 通信链路不在主用户网络的保护范围之内,则该链路可以使用正在被主用户网络占用的授权信道。

此外,可以看到在用户数量不同以及主用户网络传输负荷变化的情况下,所提框架取得的吞吐量增益大幅度超过传统协作框架的吞吐量增益。

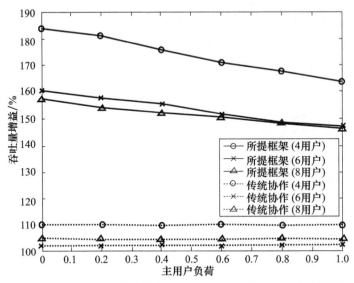

图 7-9 所提框架和传统协作框架在不同用户数量下,吞吐量增益随主用户网络传输负荷变化的曲线

7.5 小结

本章研究了面向非实时数据传输的 D2D 通信辅助协作通信问题。针对蜂窝网络中的下行非实时数据传输,本章提出了一种 D2D 通信辅助协作框架,通过认知无线电获取小区频段之外的白区频段,构成频带外 D2D 通信以实现全双工协作通信,突破传统协作通信的性能瓶颈。本章在所提框架下给出最优化传输调度策略,综合考虑传输模式选择、中继选择、子信道分配及发射功率控制,以实现网络效用的最大化。我们采用对偶分解法获得最优传输调度方案,能够有效地提升系统性能。大量仿真结果表明所提框架相比于基线框架和传统协作框架,在网络效用、网络吞吐量和公平性方面有显著提升。

第8章

面向实时视频传输的 D2D 通信框架和调度策略

8.1 引言

近年来随着智能手机和其他大屏幕移动上网设备的兴起,无线网络中的多媒体流量呈现爆炸式增长。研究表明,无线视频/音频应用,包括 VoIP、流媒体视频和实时视频监控,将在不久的将来主导无线网络的流量。例如,美国思科公司的调研报告预测,2010—2015 年,移动设备观看视频产生的流量预期增长超过 26 倍。移动视频流量的爆炸式增长给 4G 移动宽带网络(如 LTE 网络)带来了巨大的挑战。因此,研究 4G 网络中的高效流媒体视频传输机制具有非常现实的意义。

组播(Multicast)是一种高效的实时流媒体视频传输机制,能够利用无线传输的广播特性,将同一个视频流同时传输至多个用户。由于其有效性,视频组播正在多媒体业务中扮演越来越重要的角色。视频组播的典型应用场景包括:①重要体育赛事直播:当前,众多的体育节目在互联网上进行直播,并可以通过移动设备进行观看。②重大事件的新闻视频:当重大事件发生时,很多人会在移动设备上点击相同的新闻视频片段。在同一时间段提出的视频观看请求可以通过视频组播一次性完成。事实上,4G 移动宽带标准(如 3GPP LTE 和 IEEE 802.16e)的一个重要设计目标就是在实时移动电视节目和其他商业视频节目上应用视频组播[128]。

视频组播具有提升 4G 网络中实时视频传输效率的潜能,设计有效的组播机制十分具有挑战性。一个关键的问题是如何应对基站到多个用户的差异化的信道质量[129]。假设有两个用户,一个用户的信道质量"好",而另一个用户的信道质量"差"。如果基站根据"坏"的信道质量决定视频流的组播速率,则会导致较低的数据速率,从而降低视频流的品质。反之,则信道质量"坏"的用户可能无法解码视频数据包。由于用户通常将收到的最新视频数据包缓存起来，可以激励用户进行协作，使他们能够通过 D2D 通信进行相互之间的缓存分享。为此，有两个关键问题需要得到解决：①如何激励用户去帮助其他用户。由于缓存共享通常会带来额外的能量开销，在没有适当激励机制的情况下，一些用户可能不愿意无偿地帮助其他用户。②在为用户之间的 D2D 通信设计传输调度策略时，如何考虑视频流独特的编码结构。如果忽视了视频编码结构，单纯地提升数据速率可能并不会带来视频质量的显著提升。为了解决上述两个问题，本章提出了一种面向视频组播的 D2D 通信辅助缓存框架，能够利用社交关系，为用户之间的协作提供激励机制。本章在所提框架下提出最优化的传输调度策略，充分考虑视频的编码结构，以尽可能提升视频组播系统的性能。

如图 8-1 所示，所提框架可以被投射到两个域，即物理域和社交域。在物理域，一个基站组播一个视频流到多个用户，而这些用户之间可以通过 D2D 通信共享缓存中的数据包。在社交域，用户之间存在不同类型的社交关系。由于移动设备是由人携带的，人与人之间的社交关系可以被用来提高移动网络中视频组播的性能。本章考虑两种重要的社交关系类型。第一种类型是社交信任，这种关系普遍存在于家庭成员、朋友或同事之间。如图 8-1 所示，由于用户 2 和用户 3 之间存在社交信任，用户 3 愿意在没有任何直接回报的情况下共享自己缓存中的数据包给用户 2（反之亦然）。第二种类型是社交互惠，可以激励彼此不熟悉的用户之间进行合作。如图 8-1 所示，用户 4 和用户 5 之间不存在社交信任，但是他们愿意互相共享缓存，以实现视频质量均有提升的双赢局面。利用社交信任和社交互惠，所提框架能激励用户之间互相共享缓存，以恢复不完整的视频帧，从而大幅度提升视频质量与用户体验。

本章的主要研究内容如下。

（1）本章提出一种面向视频组播的 D2D 通信辅助缓存框架。该框架能够通过利用两种类型的社交关系，即社交信任与社会互惠，激励用户之间的有效协作。在为所提框架设计最优化的传输调度策略时，本章考虑了独特的视频编码结构。

（2）本章把传输调度策略中的基于社交关系的分组问题描述为一个联盟博弈问题。本章设计了一个分布式算法来获得核心解，即用户的分组方案。基于该分组方案，基站为用户之间的 D2D 通信进行频谱分配。

（3）大量基于真实视频数据的仿真实验证实，相比于基线框架 DirCast，所提框架最高能将组播视频的平均峰值信号噪声比（PSNR）提高 12.7dB，同时将主观视频质量（用户体验）提升两个级别。

第8章 面向实时视频传输的 D2D 通信框架和调度策略

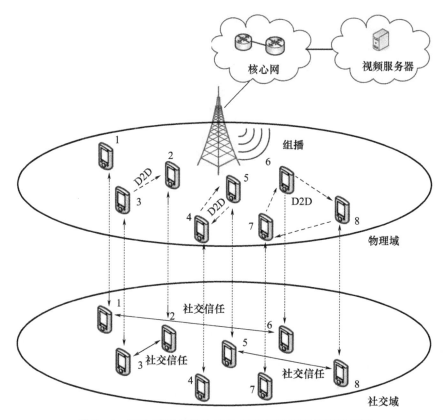

图 8-1 面向视频组播的 D2D 通信辅助缓存框架示意图

最近有大量相关文献研究无线网络中的视频组播。DirCast[130]通过关联,控制最小化总体组播时延。在每个接入点,DirCast 基于组播组中信道质量最差的用户来选择组播速率。显然,DirCast 的性能仍然受限于信道质量最差的用户。在文献[131]中,Deb 等研究了在 WiMAX 网络中组播可伸缩视频(Scalable Video),以最大化系统的效用。他们提出一种基于贪心算法的频谱分配策略,自适应决定每个视频层的数据速率。SoftCast[132]为移动视频传输提出了一种联合信道编码和视频编码方案,FlexCast[133]修改了 MPEG-4 视频编解码器,将无速率编码(Rateless Coding)融入无线系统的有效视频流传输中。在文献[128]中,作者提出运行于互联网视频服务器和基站之间的网关上的 MuVi 系统,以改善移动视频组播的整体性能。MuVi 能够重新调整视频帧的顺序,甚至能够根据用户的信道质量主动舍弃一些视频帧。绝大多数已有方法需要对现有视频编码策略或空中接口进行较多修改,或在系统中添加新的组件,有可能导致方案在实际系统中的实现存在困难。相比之下,所提框架与现有的视频编码策略和空中接口兼容,主要修改用户侧的应用层,相比已有方法更容易被部署。

8.2 辅助缓存框架

本节介绍本书作者提出的 D2D 通信辅助缓存框架。如图 8-1 所示,考虑 OFDMA 蜂窝网络中的移动视频组播。小区中的基站工作在组播模式,用户集合 $\Psi=\{1,2,\cdots,N\}$ 为该小区中的一个多播组,其中,N 为用户总数,视频组播占用一段频谱(包含若干 OFDMA 子信道)。此外,用户之间通过频谱填充型 D2D 通信进行高速、可靠的缓存共享。具体来讲,一组希望进行缓存共享的用户将他们的 D2D 通信请求发送到基站。随后,基站进行接入控制,即决定哪些用户组的 D2D 通信请求被接受/拒绝,并进行频谱分配。接下来的小节介绍移动视频组播系统模型。

8.2.1 移动视频组播的系统模型

这里首先介绍视频编码结构。典型的视频编码方式,如 MPEG-4 或 H.264,采用基于图像组(Group of Pictures,GOP)的编码结构[138],可以通过帧间编码减少视频流的总带宽需求。如图 8-2(a)所示,一个 GOP 由多个编码后的视频帧组成,编码后的视频帧有三种基本类型,即 I 帧(关键帧)、P 帧(前向预测帧)和 B 帧(双向预测帧)。I 帧只经过帧内编码,通常作为 GOP 中的第一个帧,包含的数据量最大,其解码不依赖于其他帧。相比之下,P 帧和 B 帧通过运动估计等方式进行帧间编码,包含的数据量小于 I 帧的数据量。一般来讲,P 帧的解码依赖于之前的 I 帧或 P 帧,B 帧的解码依赖于之前的 I 帧或 P 帧,以及随后的 I 帧或 P 帧。

在实时视频流中,每个编码后的视频帧被处理成多个数据包进行传输。不同于非实时数据传输(如网页浏览与文件下载),实时视频传输是一个严格的实时业务[135]。显然,一旦视频开始播放,用户希望视频帧被连续且平滑地播放,不会出现重新缓冲的现象。因此,每一个视频数据包或每一个批次的视频数据包需要在特定的期限内完成传输。如果一个数据包错过该期限,它将被丢弃掉,造成视频质量的损失。如图 8-2(b)所示,我们认为视频传输至多可以容忍一个启动时延,在本章中该时延等于一个 GOP 的播放时间,同样也是一个 GOP 中数据包完成传输的最长时间,记为一个阶段。基站缓存一个 GOP 中的数据包并试图在期限内将数据包传输给用户。到达期限时,没有被传输的数据包将被基站丢弃,之后基站开始传输下一个 GOP 中的数据包,如此往复。用户需要根据接收到的数据包解码出原始视频帧并进行播放。

第 8 章 面向实时视频传输的 D2D 通信框架和调度策略

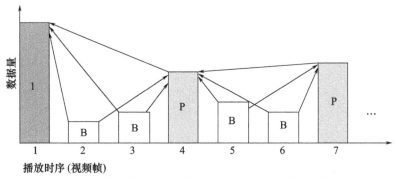

(a) 一个 GOP 的结构:从帧 x 到帧 y 的有向线段表时帧 x 的解码依赖于帧 y

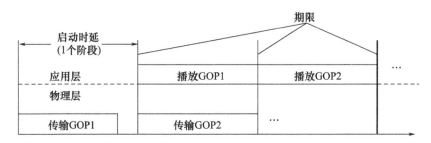

(b) 视频流的传输与播放:在每个用户的物理层,GOP 的数据包需要在期限内被传输;在应用层,GOP 被播放

图 8-2 视频编码结构示意图以及视频流的传输与播放模型

接下来介绍调制与编码策略(Modulation – and – Coding Scheme,MCS)的概念。假设每个链路的信道质量是准静态的,即信道质量在一个 OFDMA 帧的时长内保持稳定。在 LTE 网络中,信道质量可以由基站或用户进行估计。根据信道质量,发射机(基站或用户)选择相应的 MCS 以确定链路的数据速率。对于一个特定的链路,在信道质量好的情况下使用低数据速率的 MCS 会导致频谱资源浪费;在信道质量坏的情况下使用高数据速率的 MCS 会导致高误码率,从而降低实际吞吐量。根据信道质量估计和信道质量 - MCS 映射表,发射机可以选择合适的 MCS 并估计数据速率[128]。

当基站试图组播视频数据包到具有差异化信道质量的用户组 Ψ 时,基站需要为所有用户选择一个 MCS。记 $\gamma_i(t)$ 为用户 i 在 OFDMA 帧 t 期间的信道质量;记 $\bar{\gamma}$ 为当发射机采用某 MCS 进行发送时,接收机为了解码正确所需的信道质量级别。当 $\gamma_i(t) \geq \bar{\gamma}$ 时,用户 i 可以成功解码在 OFDMA 帧 t 期间收到的数据包;否则认为这些数据包全部解码失败。

8.2.2　D2D 通信辅助的缓存框架

基于前面所述视频组播系统模型,本小节提出一种 D2D 通信辅助缓存框架,利用社交关系激励用户通过 D2D 通信进行缓存共享,同时充分考虑视频的编码结构。

如图 8-3 所示,基站与用户均包含 D2D 通信控制器,该控制器负责建立并管理 D2D 通信链路。具体来讲,存在两种 D2D 通信接入控制模式:①随机接入模式。用户采用类似载波监听多址接入的协议来竞争频谱的使用权,无须基站进行频谱分配,适用于短小交互信息的传输。②基站辅助接入模式。由基站负责频谱分配,用户在基站分配的资源块上进行传输,适用于用户之间的视频数据包传输(缓存共享)。

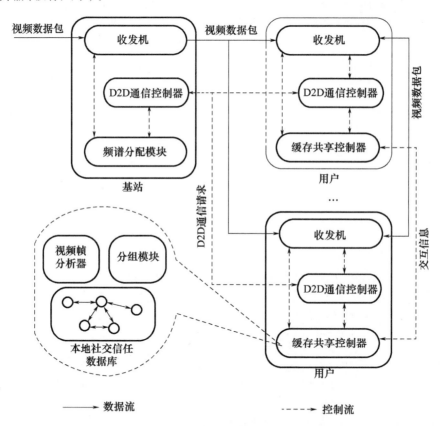

图 8-3　D2D 通信辅助缓存框架的组成部分

图 8-4 显示了所提框架的工作流程。不失一般性,本章考虑频谱填充型 D2D 通信,即基站预留独立的小区频谱给 D2D 通信链路,因而每个阶段被分为两部分,即组播子阶段和 D2D 通信子阶段。基站在组播子阶段内进行视频组播,在紧接着的 D2D 通信子阶段,用户通过 D2D 通信进行缓存共享以提升视频质量。D2D 通信子阶段可以被进一步分成若干局,在每一局的开头有一个决策

部分,决策部分的操作如下。

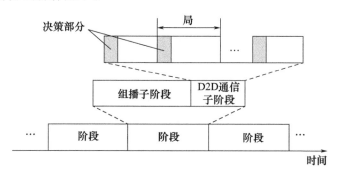

图 8-4 D2D 通信辅助缓存框架的工作流程

(1) 用户基于社交关系决定如何获取所需的视频数据包,之后发送 D2D 通信请求至基站。

(2) 基站为 D2D 通信进行频谱分配。简明起见,假设频谱分配的最小单元为一个时隙。

在一局的剩余部分,用户在基站分配的时隙上通过 D2D 通信进行缓存共享。

在所提框架中,用户包含缓存共享控制器。在每一局的决策部分的开头,用户的收发机提供当前缓存中数据包的信息给缓存共享控制器。多个用户的缓存共享控制器可以通过交互信息进行协调,以确定缓存共享方案。如图 8-3 所示,缓存共享控制器由视频帧分析器、本地社交信任数据库以及分组模块构成。

(1) 视频帧分析器。视频帧分析器可以获取视频帧的编号和类型(I 帧、P 帧或 B 帧)以及不完整视频帧缺失的数据包编号。根据视频编码的特殊结构,GOP 中不同位置的视频帧具有不同的重要程度。不失一般性,我们给出如下两个定义。

定义 8.1:一个视频帧是有价值的,前提是当且仅当该帧以及解码该帧所依赖的其他帧是完整的(没有丢失的数据包)。

定义 8.2:一个视频帧是有潜在价值的,前提是当且仅当该帧是不完整的,而解码该帧所依赖的其他帧是完整的。

显然,当一个有潜在价值的帧被恢复时,它转变为一个有价值的帧。每个用户应当在每一局只恢复有潜在价值的帧,以获得最大的视频质量提升。

(2) 本地社交信任数据库。本地社交信任数据库中包含一个社交信任图 $G^T = \{\Psi, \varepsilon^T\}$,其中,用户集合 Ψ 构成图的顶点,边集为 $\varepsilon^T = \{(ij) : e_{ij}^T = 1, \forall i, j \in \Psi\}$,当且仅当用户 i 和用户 j 之间存在社交信任时(例如亲属关系、朋友关系或同事关系),$e_{ij}^T = 1$。根据 G^T,可以得到与用户 i 存在社交信任的用户集合 $\Psi_i^T = \{j : e_{ij}^T = 1,$

$\forall j \in \Psi_i^T$。显然,由于社交信任的存在,集合 Ψ_i^T 中的用户 j 愿意无条件帮助用户 i。值得注意的是,可以通过文献[136]中的隐私交集技术来获取任意两个用户之间的社交信任关系,从而建立本地社交信任数据库并获得 Ψ_i^T。

(3)分组模块。在每一局决策部分的开头,每个用户以随机接入 D2D 通信的方式广播有潜在价值视频帧所缺失的数据包编号。经过匹配与反馈的过程,每个用户可以获得一个信息表,包含了潜在施助者的编号、潜在施助者可以协作恢复的视频帧编号、完成 D2D 通信所需的时隙数,以及与潜在施助者之间是否存在社交信任。下面我们给出一个具体的示例。假设在某一局的开端,用户 i 待恢复的视频帧为帧 3、帧 5、帧 6 与帧 7(帧之间的依赖关系参见图 8-2(a)),则用户 i 向其他用户请求恢复自己的两个有潜在价值的视频帧,即帧 3 和帧 7,相应的信息表在表 8-1 中给出。

表 8-1 信息表的一个示例

潜在施助者	视频帧	社交信任	所需时隙数
用户 1	帧 3(B 帧)	无	5
用户 3	帧 7(P 帧)	有	15
用户 5	帧 7(P 帧)	无	10
用户 5	帧 3(B 帧)	有	3

当所有用户都获得信息表后,他们通过分组模块形成多个组。具体而言,有两种类型的组,即社交信任组和社交互惠组。社交信任组中包含两个相互之间存在社交信任的用户,其中一个用户(施助者)会共享缓存中的数据包给另一个用户(受助者)。社交互惠组由相互之间不存在社交信任的用户组成,至少包含 2 个用户,形成一个互惠圈。互惠圈中的每一个用户提供帮助给其他用户,同时也得到另一个用户的帮助,共同获得收益。如图 8-1 所示,用户 2 和用户 3 形成一个社交信任组,用户 4 和用户 5,用户 6、用户 7 和用户 8 分别形成两个社交互惠组。考虑到公平性以及可供支持 D2D 通信的频谱资源的有限性,每个用户在每一局至多恢复一个视频帧。由于在一个 D2D 子阶段可能有多局,用户有可能恢复多个视频帧。当用户之间已经完成分组后,每个组由一个组长发送 D2D 通信请求至基站,该请求包含该组进行 D2D 通信所需的总时隙数。

接下来,我们介绍位于基站的频谱分配模块[137]。在每一局的决策部分,基站收到多个 D2D 通信请求,需要做出相应的频谱分配决策。值得注意的是,基站在进行频谱分配时完全不需要知道视频编码结构以及用户之间的社交关系。下面我们用一个具体的案例说明频谱分配的过程。如图 8-1 所示,在某一局的决策部分,用户6、用户7和用户8希望通过D2D通信来建立一个社交互惠组,他们分别需要6个时隙、8个时隙和6个时隙以帮助其他用户,则总共需要的时隙数为20。如果基站决定接受来自用户6、用户7和用户8的D2D通信请求,则基站需要一次性分配20个时隙。

8.3 最优化传输调度策略

基于所提框架,本节将提出最优化传输调度策略,以解决以下两个关键问题:①如何在用户之间分布式地形成社交信任组与社交互惠组,尽可能多地恢复不完整的视频帧,以改善视频质量与用户体验。②如何给多个组分配频谱,以使频谱的利用率最大化。

8.3.1 基于社交关系的分布式分组

由于用户在每一局至多恢复一个视频帧,用户需要选择加入一个社交信任组(作为受助者)或加入一个社交互惠组。为了便于理论分析,我们首先扩展社交互惠组的概念,认为一个社交信任组中的受助者以及一个不加入任何组的用户形成一个退化了的社交互惠组(对应的互惠圈为从一个用户出发后又回到该用户的自环路),则分布式分组方案需要将用户分为若干个社交互惠组,以使得被恢复的视频帧数量尽可能地多。下面我们将基于社交关系的分布式分组问题描述为一个联盟博弈问题。

1) 构造偏好序列

构造联盟博弈问题的关键是构造偏好序列$(>_i)_{i \in \Psi}$。为此,我们综合考虑视频编码结构和尽可能多地恢复视频帧的目标,提出构造偏好序列的方法。首先,令v_m表示视频帧m的价值为

$$v_m = \begin{cases} 1 + N_d^m, & \text{视频帧}m\text{是有价值的} \\ 0, & \text{其他情况} \end{cases} \tag{8.1}$$

式中:N_d^m为一个GOP中依赖帧m进行解码的视频帧的数量。

以图8-2(a)为例,GOP中有一个I帧、2个P帧和4个B帧。I帧(帧1)有$N_d^1 = 6$,因为2个P帧和4个B帧的解码直接或间接依赖于该帧。类似地,P帧(帧4)有$N_d^4 = 5$,P帧(帧7)有$N_d^7 = 2$。

不失一般性,一个潜在施助者在偏好列表中的排名(排名越前,偏好程度越高)依次取决于两方面:①施助者所能协助恢复的视频帧的价值v_m(越大越好);②施助者协助恢复视频帧所需的时隙数(越少越好)。具体来讲,构造偏好序列的过程如下:首先,如果一个施助者能协助恢复多个视频帧,选择恢复后价值最大的帧;然后,给予能恢复价值更高帧的施助者,以更高的偏好程度;

最后,如果多个施助者能够恢复相等价值的帧,则给予所需时隙数较少的施助者更高的偏好程度。为了支持退化的社交互惠组(由社交信任组中的受助者或不加入任何组的用户形成的单用户组),需要对偏好序列进行调整。如果存在和用户 i 有社交信任关系的施助者,将最佳施助者记为用户 j,在偏好列表中将 j 替换为 i;否则,用户 i 将自己的编号加入到偏好列表的末尾。下面举例说明:根据表 8-1,用户 i 的偏好序列为 $\{5,i,1\}$,其中,用户 5 为最偏好的施助者,用户 3 和用户 i 有社交信任关系,故被替换为 i。偏好序列中的元素构成集合 Ψ_i^P。

2) 基于联盟博弈的问题描述

根据偏好序列,我们将基于社交关系的分组问题转化为一个联盟博弈问题 $\Omega=\{\Psi,\chi_\Psi,V,(>_i)_{i\in\Psi}\}$。

(1) 参与者集合 Ψ 就是用户的集合。

(2) 协作策略集合 $\chi_\Psi=\{(h_i)_{i\in\Psi}:h_i\in\Psi_i^P,\forall i\in\Psi\}$ 给出了所有用户选择施助者策略的集合。

(3) 特征函数 $V(\Delta)=\{(h_i)_{i\in\Psi}\in\chi_\Psi:(h_i)_{i\in\Delta}=(j)_{j\in\Delta}$ 和 $h_k=k,\forall k\in\Psi\backslash\Delta\}$ 对应于每一个联盟 $\Delta\subseteq\Psi$。情况 $(h_i)_{i\in\Delta}=(j)_{j\in\Delta}$ 表示在联盟 Δ 中用户之间可能的数据包交换。情况 $h_k=k,\forall k\in\Psi\backslash\Delta$ 表示在联盟 Δ 之外的用户为社交信任组中的受助者或者不属于任何组。

(4) 偏好序列 $(>_i)_{i\in\Psi}$ 被定义为 $(h_k)_{k\in\Psi}>_i(h_k')_{k\in\Psi}$,当且仅当 $h_i>_ih_i'$。也就是说,根据偏好顺序序列,当且仅当用户 i 更偏好 $(h_k)_{k\in\Psi}$ 中的施助者 h_i 相比于 $(h_k')_{k\in\Psi}$ 中的施助者 h_i' 时,用户 i 更偏好分组方案 $(h_k)_{k\in\Psi}$(相比于分组方案 $(h_k')_{k\in\Psi}$)。

定义 $(h_i^*)_{i\in\Psi}\in V(\Psi)$ 为上述联盟博弈问题的核心解,即不存在联盟 Δ 和 $(h_i)_{i\in\Psi}\in V(\Delta)$,使得用户 $i\in\Delta$ 有 $(h_i)_{i\in\Psi}>_i(h_i^*)_{i\in\Psi}$。也就是说,用户无法脱离原来的联盟而形成新联盟 Δ,以使得新联盟中的每一个用户都获得比原先更佳的施助者。我们的目标是找到一个联盟博弈问题的核心解 $(h_i^*)_{i\in\Psi}\in V(\Psi)$(分组方案)。

3) 获得核心解

下一步研究如何得到核心解。给定所有用户的偏好序列,可以针对给定集合 $M\subseteq\Psi$ 中的用户构建一个偏好图 $G_M^P=\{M,\varepsilon^P\}$。特别的,用户集合 M 为图的顶点集合,$\varepsilon^P=\{(ij):e_{ij}^P=1,\forall i,j\in M\}$ 为边集。当且仅当用户 j 是用户 i 在用户集合 M 中最偏好的施助者(Most Preferred Helper,MPH)时,存在从用户 i 指向用户 j 的一条边,即 $e_{ij}^P=1$。根据偏好图,我们给出如下定义。

定义 8.3:给定偏好图 G_M^P,当且仅当 $e_{i_l,i_{l+1}}^P=1,l=1,2,\cdots,L-1$ 和 $e_{i_L,i_1}^P=1$

时,用户序列 $C = \{i_1, i_2 \cdots, i_L\}$ 为长度为 L 的互惠圈。

基于互惠圈的概念,我们可以通过迭代的方式找到所有的互惠圈,从而找到联盟博弈问题的核心解。具体来讲,定义第 t 个迭代周期时用户的集合为 M_t,找到的互惠圈被标记为 $C_1^t, C_2^t, \cdots, C_{Z_t}^t$,其中,$Z_t$ 为被找到的互惠圈的数量。在第一个迭代周期 $t=1$,$M_1 = \Psi$,从偏好图 $G_{M_1}^P$ 中找到互惠圈为 $C_1^1, C_2^1, \cdots, C_{Z_1}^1$。在第二个迭代周期 $t=2$,将之前迭代周期找到的互惠圈上的用户移除,得到 $M_2 = M_1 \setminus \cup_{i=1}^{Z_1} C_i^1$,从偏好图 $G_{M_2}^P$ 中寻找新的互惠圈 $C_1^2, C_2^2, \cdots, C_{Z_2}^2$。上述过程不断重复,直至 $M_t = \varnothing$。

针对一个被描述成联盟博弈问题的协作中继选择问题,文献[142]表明基于寻找互惠圈的中继选择策略可以找到联盟博弈的核心解。类似的,因为每次迭代寻找到的互惠圈上的用户无法通过离开所在的联盟获得更好的施助者,所以针对被描述成联盟博弈问题的协作视频组播中的分组问题,寻找互惠圈的方式同样可以获得核心解。举个例子,在第一个迭代周期,互惠圈上的所有用户均从 $M_1 = \Psi$ 中的 MPH 处获得帮助,他们没有离开所在联盟的动力。在第二个迭代周期,互惠圈上的所有用户均从 M_2 中的尽可能偏好的施助者处获得帮助,他们无法通过离开所在联盟来获取更佳的施助者。上述论证适用于所有迭代过程。

需要强调的是,和文献[138]不同,本章中考虑的联盟博弈问题放在了协作视频组播的环境下,并且基于了独特的视频编码结构和提升视频质量的目标来构造偏好序列。此外,文献[78]通过集中式算法获得核心解,而这里则提出一种分布式获取核心解的算法,可以避免在分组过程中产生用户至基站的通信开销。

4) 分布式分组算法

首先,我们定义路径为从偏好图中从任一用户开始的用户序列,其中每一个用户(除了第一个用户)都是前一个用户的 MPH。我们给出如下定理。

定理 8.1:如果一条路径从偏好图中 $G_{M_t}^P$ 的任意一点出发,则该路径必然包含一个且只有一个互惠圈。

证明:由于我们根据所有用户的偏好序列中的 MPH 构造了偏好图,故图中每个顶点的出度(Out Degree)为 1。一方面,如果一条路径不包括一个互惠圈,则该路径的长度为无穷大,与图中顶点数有限的事实相矛盾;另一方面,如果一条路径包含多个不同的互惠圈,则必然存在一个顶点的出度为 2,与每个顶点出度为 1 的事实相矛盾。因此,偏好图中任一条路径必然包含一个且只有一个互惠圈。

基于定理 8.1,我们提出一个分布式分组算法。该算法的核心思想是用户通过在本地发送探测消息来找到互惠圈,即用户 i 首先发送探测消息到自己的 MPH,记为用户 j。之后用户 j 转发该消息到自己的 MPH。上述过程一直持续至用户 i 收到从其他用户发来的消息,表明找到一个互惠圈。分布式分组算法的具体步骤如下。

步骤 1 旗标 $F_n=1$ 的用户 $n\in\Psi$(用户 n 还没有加入任何互惠圈中)通过随机接入的方式竞争互惠圈探测的优先权。

步骤 2 用户 i 赢得竞争后,首先广播"忙"消息来申明自己正在发起互惠圈探测,其他用户不得在用户 i 完成探测前开始新的互惠圈探测;然后用户 i 发送探测消息到自己的 MPH,记为用户 j。

步骤 3 收到探测消息的用户 j 首先记录消息的来源;然后检查 F_j 的值。如果 $F_j=0$(用户 j 已经加入了其他互惠圈),用户 j 发送"拒绝"消息到用户 i,随后用户 i 根据偏好序列,发送探测消息到下一个偏好程度最高的用户。如果 $F_j=1$(用户 j 还没有加入任何互惠圈),用户 j 将自己的编号加入到探测消息中并转发消息给自己的 MPH。

步骤 4 上述过程持续进行,直到有一个用户 k 再次收到探测消息(一个互惠圈已被找到)。用户 k 将旗标 F_k 置 0,并获得互惠圈上所有用户的编号。随后,用户 k 广播"反馈"消息(含互惠圈上所有用户的编号)到系统中的所有用户,用户 k 作为所在互惠圈(形成社交互惠组)的组长。

步骤 5 旗标仍为 1 的用户重复**步骤 1 ~ 步骤 4** 直至新的互惠圈被找到。当所有用户的旗标均为零时,算法终止,分组完成。

接下来考虑所提出分布式分组算法的计算复杂度。我们给出定理 8.2,表明所提算法具有较低的计算复杂度。

定理 8.2:如果用户总数为 N,则所提出分布式分组算法的计算复杂度至多为 $O(N^2)$。

证明:根据互惠圈发现的过程,通过第 t 次竞争找到互惠圈的计算复杂度为 $O(|C_t|)$,其中,$|C_t|$ 表示第 t 次竞争产生的路径经过的用户数。因此,所有竞争的总体计算复杂度为 $O(\sum_{t=1}^{T}|C_t|)$,其中,T 为竞争的总次数。尽管我们无法估计竞争的次数以及每次竞争的路径经过的用户数,我们可以估 $O(\sum_{t=1}^{T}|C_t|)$ 的上下界。其下界为 $O(N)$,表示通过一次竞争产生的路径,所有用户都在同一个互惠圈中。其上界的情形为每次竞争产生的路径都会找到一个只包含一个用户的互惠圈,这意味着总计算复杂度为 $O\left(\sum_{t=1}^{T}|C_t|=\sum_{i=1}^{N}i=\frac{N(N+1)}{2}\right)$。因此,所提出分布式分组算法的计算复杂度至多为 $O(N^2)$。

8.3.2 D2D 通信的频谱分配

在一局的决策部分,当基于社交关系的分组完成后,基站需要分配时隙给各个组以进行 D2D 通信。

由于频谱资源的有限性,可能不是所有的 D2D 通信请求都得到满足。在这种情况下,基站需要进行准入控制,来决定接受/拒绝哪些请求,目标为最大化频谱资源的利用率。具体来讲,可以将来自某个组的 D2D 通信请求记为 $s \in \{1, 2, \cdots, S\}$,其中,$S$ 为 D2D 通信请求的总数。D2D 通信请求 s 所需要的时隙数为 R_s,当前总的可用时隙数被记为 W。准入控制策略被记为 x_s,当 $x_s = 1$ 时,基站接受 D2D 通信请求 s;否则,基站拒绝该请求。最优化频谱分配问题的数学描述如下:

$$\max \sum_s R_s x_s$$
$$\text{s. t.} \sum_s R_s x_s \leq W \tag{8.2}$$
$$x_s \in \{0,1\}, \forall s$$

式(8.2)可以看作成一个 0-1 背包问题,其中,背包容量为 W,D2D 通信请求 s 相当于重量和价值均为 R_s 的物品。因此,上述问题可以通过动态规划算法来求解[143],其计算复杂度为 $O(SW)$。求解得到最优解 x_s^* 后,基站将最优频谱分配方案反馈至各个组的组长,之后 D2D 通信依照频谱分配方案进行。

8.4 仿真结果及性能分析

本节通过计算机仿真评估所提框架的性能表现。如图 8-5 所示,基站为一个区域半径 r 为 100m 的用户群提供视频组播服务。基站到用户群中心的距离被记为 d。我们假设用户群中的所有用户之间均能建立 D2D 通信链路。此外,在分配的频谱上,同一时间在用户群中至多存在一条活跃的 D2D 链路。基站与用户之间的组播链路以及用户之间的 D2D 通信链路的信道质量均参照 COST-231 模型[129]进行计算,该模型综合考虑城市环境下的链路损耗、大尺度阴影和小尺度衰落。视距通信的小尺度衰落被表示为莱斯随机变量,非视距通信的小尺度衰落被表示为瑞利随机变量。一个带宽为 5MHz 的频段被分配给视频组播,其中心频率为 2000MHz。其他信道模型相关参数在表 8-2 中列出。在所分配的频段上,用户的最大发射功率为 23dBm,基站的最大发射功率为 30dBm。OFDMA 帧的长度为 5ms,包含 10 个时隙(每个时隙 0.5ms)。

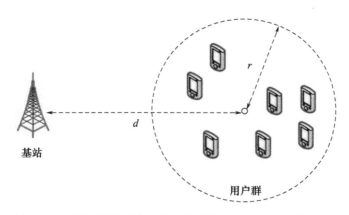

图 8-5 基站和用户群中心的组播距离为 d,用户群的半径为 r

表 8-2 信道模型参数

参数	取值
对数正态阴影	基站-用户:0 均值,8dB 标准差
	用户-用户:0 均值,4dB 标准差
基站天线高度	50m
用户天线高度	1.5m
市区屋顶平均高度	30m
道路夹角	90°
建筑物间距	50m
街道宽度	12m
白噪声功率谱密度	−174dBm/Hz

对于视频流,我们考虑基于 MPEG-4 的视频编码,GOP 采用 G16B3 结构,即一个 GOP 中包含 16 个视频帧,在两个连续的 I 帧或 P 帧之间,至多有 3 个 B 帧。视频码率被定义为每秒播放的编码后的视频帧所包含的比特数。对于同一段被压缩的视频,视频码率越高则视频质量越好。此外,我们根据来自社交网络 Brightkite 的真实数据生成社交信任图[140]。

我们评估并比较所提框架和基线框架 DirCast[130] 的性能。根据各个用户的信道质量,DirCast 在进行视频组播时使用所有用户均能成功解码数据包的最高数据速率。对于所提框架,基站在每一个阶段预留 20% 的时间作为 D2D 通信子阶段,在组播子阶段采用能够保证所有数据帧均被传输完毕的数据速率。在仿真实验中,默认的用户数量为 10,默认的组播距离 d 为 800m,默认的视频码率为 500kb/s。我们考虑以下三个性能指标。

(1) 有价值视频帧比率:一个用户获得的有价值的视频帧占所有被传输视

频帧的比率。该指标可以在多个组播用户之间进行平均。

(2) PSNR:PSNR 是衡量视频质量的标准客观指标,是原始和接收到的视频帧之间像素的平方差异的函数。

(3) MOS:平均选择评分(Mean Option Score,MOS)是用户对接收到视频质量的主观评价。MOS 和 PSNR 范围之间的对应关系见表 8-3[128]。

表 8-3 MOS 和 PSNR 范围之间的关系

主观视频质量 MOS	PSNR 范围
极佳	大于 37
好	31~37
一般	25~31
较差	20~25
极差	小于

为了更好地评估所提框架的性能,首先采用模拟视频数据进行一系列的敏感性试验。如图 8-6 所示,对于不同的视频码率,所提框架相比于 DirCast 能显著提升有效视频帧比率。当视频码率为 500kb/s 时,DirCast 对应的有效视频帧比率仅为 32%,而所提框架下的有效视频帧比率为 80%。此外,视频码率的提高会导致两种框架下的有效视频帧比率的降低,所提框架对于视频码率的提高具有更强的鲁棒性。类似地,图 8-7 展示了分别采用所提框架和 DirCast 时有效视频帧比率随组播距离 d 变化的曲线,可以观察到所提框架相比于 DirCast 能显著提升有效视频帧比率。

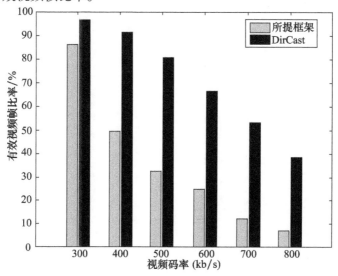

图 8-6 分别采用所提框架和 DirCast 时有效视频帧比率随视频码率变化的直方图

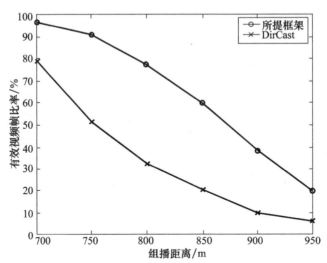

图8-7 分别采用所提框架和DirCast时有效视频帧比率随组播距离d变化的曲线图

接下来,我们评估使用社交信任的好处,以及用户数量对所提框架性能的影响。通过图8-8可以观察到,在不同用户数量下,考虑社交信任相比于不考虑社交信任会有明显的性能提升。此外,用户数量对性能有较大影响,随着用户数量的增加,有效视频帧比率先增加到最大值,随后开始下降。产生这一现象的原因在于当用户数量增加时,通过D2D进行缓存共享的机会也增加了;但是支持D2D通信的频谱资源是有限的,当用户数量持续增加时,频谱资源开始变得不足。

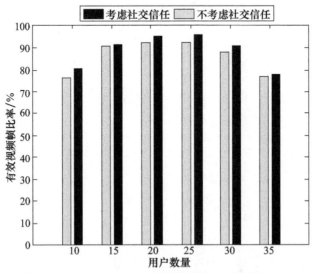

图8-8 所提框架在有无社交信任情况下有效视频帧比率随用户数量变化的直方图

最后,我们采用真实视频评估所提框架的性能。如图8-9所示,采用的标准测试视频为"Foreman"和"Bus"[141]。两个视频的图像尺寸均为 352×288。由于视频"Bus"具有比视频"Foreman"变化更快的背景,它具有较大的视频码率。

(a) Forman   (b) Bus

图 8-9 标准测试视频

如图 8-10 及图 8-11 所示,我们从用户群中选取三个典型的用户进行性能比较,其中,"弱用户"的组播链路具有最差的平均信道质量,"强用户"的组播链路具有最佳的平均信道质量,而"中用户"的组播链路具有居中的平均信道质量。可以观察到,相比于 DirCast,所提框架最高可以将视频的平均 PSNR 提升 12.7dB,主观视频质量 MOS 同样获得了显著提升。对于视频"Foreman","弱用户"和"中用户"的 MOS 从"一般"提升为"好","强用户"的 MOS 从"一般"提升为"极佳"(提升两个级别)。类似地,对于视频"Bus",用户收到视频的 PSNR 和 MOS 均有显著提升。

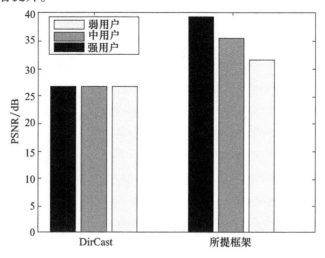

图 8-10 分别采用所提框架和 DirCast 时 3 个典型用户收到视频的平均 PSNR
(视频源:Foreman)

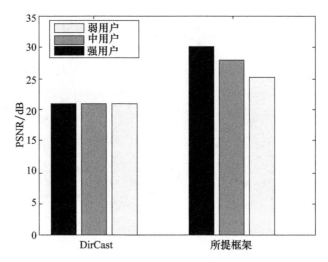

图 8-11　分别采用所提框架和 DirCast 时 3 个典型用户收到视频的平均 PSNR（视频源：Bus）

8.5　小结

本章研究了面向实时视频传输的 D2D 通信辅助缓存共享问题。针对移动视频组播，本章提出了一种 D2D 通信辅助缓存框架，通过利用两种类型的社交关系，即社交信任与社交互惠，激励用户通过 D2D 通信进行缓存共享，以尽可能恢复不完整的视频帧。本章在所提框架下给出最优化的传输调度策略，综合用户分组以及频谱分配，以实现视频质量和用户观看视频体验的提升。本章基于联盟博弈分布式地获取用户分组方案，同时给出最优频谱分配方案，以有效提升系统性能。大量基于真实视频数据的仿真结果表明，所提框架相比于基线框架 DirCast，能大幅提升视频质量以及用户体验。

第 9 章

面向智能电网数据传输的 D2D 通信框架和调度策略

9.1 引言

近年来,由于全球电力需求的持续快速增长和减少碳排放量的迫切需要,智能电网引起了人们的广泛关注[142]。智能电网最重要的特性之一就是将信息和通信网络延伸至电力系统中,特别是配电网络中。与此同时,未来的配电网络需要吸纳大量的分布式能源(Distributed Energy Resource),包括分布式发电和分布式储能[143]。

当前有大量研究工作涉及智能电网中的能量管理问题,包括互联网数据中心电能管理[144]和电动汽车充/放电管理[145]。大多数工作假设在智能电网中存在一个完善的、100%满足需求的通信网络。然而,面向智能电网的通信网络设计,特别是无线网络设计,仍处于起步阶段。下面列出了在智能电网环境下进行数据传输的一些特点和要求。

(1)智能电网中的应用通常涉及大量电力设备之间的通信和联合控制。例如,需求响应需要多个能量管理系统、负载和分布式能源之间的协调,以满足用户对电能质量的需求[146]。

(2)此外,智能电网中的应用需要在特定的期限内同时传输大量时延敏感的消息[147]。

综上所述,在面向智能电网的通信网络中同时传输大量时延敏感数据是非常具有挑战性的。近期文献[147-148]提出了智能电网环境下的通信网络设计思路,即采用分层结构设计。具体来讲,大量电力设备通过异构的通信网络连接到所属的控制中心,这些网络包括家域网、局域网、邻域网以及广域网。采用分层结构能够减少投资成本,降低对网络带宽的需求,同时可以提高系统的可扩展性。此外,分层结构能够采用一些成熟的、具有高灵活性和高可用性的无线技术,例如,用 IEEE 802.11[149]构建无线局域网,用 LTE 构建无线广域网(蜂窝网络)。智能电网环境下,通信网络中传递的消息(报告)具有特定的时延阈值,因而具有最低的数据速率要求以满足时延阈值。此外,当配电网络中存在物理或网络故障时,报告的大小可能会大幅增加,使得传输报告对数据速率的要求变得更加严格和具有差异性[150]。显然,大量需要被同时传输并按期送达的报告,对通信网络的带宽需求很高,尤其给频谱资源受限的蜂窝网络带来了挑战[151]。

本章研究一个具有挑战性的问题,即如何提升智能电网环境下蜂窝网络的频谱效率。中继通信是一种提升频谱效率的低成本解决方案,通过在蜂窝网络小区内的预定位置部署中继,用户能够利用中继通过多跳传输将数据送至基站(或者反向)[152]。具体来讲,中继通信包括两个链路(跳),即基站与中继之间的回程链路和中继与用户之间的接入链路。与协作通信类似,在城市环境下,接入链路的路径损耗通常比回程链路更严重,这限制了中继通信的性能。

如第6章所述,频带内频谱衬垫型 D2D 通信可以使接入链路复用小区链路的频谱。为了克服中继通信中的瓶颈效应,我们提出利用频带内频谱衬垫型 D2D 通信来强化相对较弱的接入链路,即 D2D 通信辅助中继框架。通过所提框架,蜂窝网络能够提升频谱复用程度,通过利用智能电网环境下差异化的数据速率需求,以提升智能电网环境下蜂窝网络的频谱效率。由于智能电网中信息设备产生的报告需要经过使用非授权频段的、基于载波监听多址接入协议的无线局域网,报告传输总时延中被引入不确定性[149,153]。不同于无线局域网,蜂窝网络可以通过完善的传输调度策略来保证报告传输的时延不超过特定的阈值。为了满足智能电网环境下报告传输的总时延要求,在为蜂窝网络小区中的用户进行传输调度时,需要考虑到由无线局域网引入的不确定性时延。此外,如第2章所述,蜂窝网络中的 D2D 通信能够支持控制交互信息的传输,有利于实现分布式传输调度,缓解基站的计算与通信开销。

本章的主要研究内容如下。

(1)面向智能电网环境下的时延敏感数据(信息设备报告)传输,提出一种 D2D 通信辅助中继框架,可以利用数据速率需求的差异性,提升蜂窝网络的频谱复用程度以及频谱效率。

(2)在 D2D 通信辅助中继框架下提出最优化传输调度策略,综合考虑传输模式选择、D2D 通信链路/小区链路配对、中继选择及发射功率控制,以实现总体信息损失率的最小化。

(3)考虑到局域网时延的不确定性,最优化传输调度问题被描述为一个两阶段的随机规划问题。我们给出获得 D2D 通信链路/小区链路配对方案的分布式策略,提出实时、分布式传输调度算法。仿真结果表明,相比于基线框架和传统中继框架,所提框架能够有效降低总体信息损失率及带宽需求峰值。

相关工作可以分为两类:频谱衬垫型 D2D 通信中的频谱分配以及智能电网环境下的无线通信策略。近期,一些工作考虑频谱衬垫型 D2D 通信中的频谱分配策略。在文献[154]中,作者研究如何在一个 D2D 通信链路和一个小区链路之间共享频谱,以在满足期望频谱效率和发射功率阈值的前提下最大化网络吞吐量。文献[151]假设基站配备有多根天线,作者针对多个小区链路和一个 D2D 通信链路的场景提出一个基于干扰受限区域的传输调度方案。在文献[155]中,作者针对多个 D2D 通信链路和多个小区链路的场景提出一种基于连续第二价格拍卖的传输调度策略,以提升整体频谱效率。此外,有较多工作关注智能电网环境下的无线通信策略。在文献[148]中,作者提出一种自下而上的智能电网通信容量规划策略。在文献[156]中,作者提出一种支持家庭能源管理系统的网关数据汇集策略,以最小化通信开销。针对具有通信时延的无线网络,文献[157]分析了分布式电源逆变器的性能。在文献[158]中,作者提出一种智能电网环境下的基于无线自组织网络安全路由的通信会话建立机制。和已有工作相比,本章将频带内频谱衬垫型 D2D 通信应用于智能电网环境下的数据传输。利用差异化的数据速率需求,由 D2D 通信带来的性能增益十分显著。

9.2 辅助中继框架

本节提出面向智能电网数据传输的 D2D 通信辅助中继框架。如图 9-1 所示,FREEDM[143]是代表性的智能电网环境下的配电网络模型,位于一个配电网络变电站的下游,可以支持高比率的分布式能源。值得注意的是,虽然本节以 FREEDM 为研究案例,本节所提出的 D2D 通信辅助中继框架同样适用于其他配电网络模型。下面介绍智能电网环境下的通信网络模型。

9.2.1 智能电网环境下的通信网络模型

如图 9-1 所示,智能电网环境下的配电网络能够实现双向电能和信息流传输。配电网络中有两种重要的信息设备,即能量管理器和故障管理器。通常,能量管理器进行本地能量管理,包括实时监控以及数据采集,而故障管理器识别并隔离故障区域,保持系统的稳定性。具体来讲,多个故障管理器可以将配电网络分成若干区域。如果在一个区域中出现故障,多个故障管理器可以将故障区域及时隔离,以保护其他正常区域免于连锁故障。在配电网络中,集成了一个控制中心的变电站作为 69kV 交流输电线路和 12kV 交流配电线路之间的接口。12kV 配电总线挂接多个故障管理器和继电器,以提供线路保护。能量管理器作为 12kV 交流配电线路和低电压总线之间的接口。一个能量管理器可以管理一个家庭、商业或工业用户的负载、分布式发电和分布式储能。

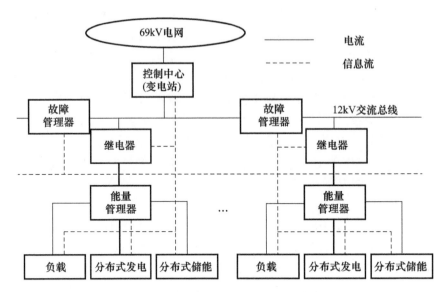

图 9-1　智能电网环境下的配电网络模型

为实现智能电网环境下低成本、可扩展的通信,分层网络结构通常被采用,由多层有线和无线网络组成[147]。如图 9-2 所示,无线局域网连接负载、分布式发电及分布式储能到相应的能量管理器(用户)。蜂窝网络小区在其服务范围内将用户连接到基站。小区基站通过核心网中的网关连接到本地配电网络的控制中心。

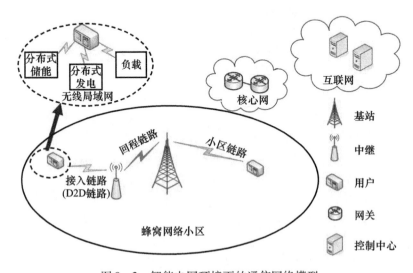

图 9-2　智能电网环境下的通信网络模型

下面用案例说明智能电网环境下的数据传输需求[159]。如图9-3所示,为实现能量管理服务,用户需要通过能量管理器周期性地做出能量管理决策,该周期被记为报告周期,一般为15min[159]。在报告期间的开端有一个报告阶段,在期间用户做出能量管理决策并反馈相关报告到本地控制中心。为了实现实时能量管理,报告阶段通常持续几秒钟[150]。报告阶段之后为行动阶段,期间能量管理决策将生效。

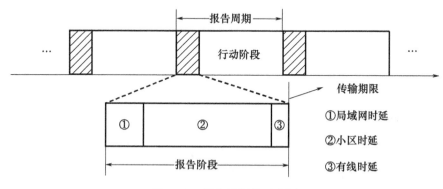

图9-3 报告周期的示意图

在报告阶段,负载、分布式发电等用户端设备通过无线局域网上传最新的状态报告到所属的用户,以供决策。把从报告阶段开始到所有隶属于同一个用户的设备完成报告上传的时间段记为局域网时延。用户做出决策后生成一个用户报告,并通过蜂窝网络小区和有线网络将该报告发送至本地的控制中心。用户报告在小区中的传输时间被记做小区时延,在有线网络中的传输时间被记做有线时延。一个用户报告的传输需要在报告阶段结束之前(报告期限)完成。如果一个用户报告完成传输的实际时间早于报告期限,那么该报告将被控制中心完全获得。否则,该报告被控制中心部分获得,发生信息损失。

当配电网络中存在故障时,位于故障区域的用户会产生更大的报告,这可能在控制中心导致高达100倍于正常情况的数据速率(如100Mb/s)[150]。可能有一部分用户位于错误区域,而其他用户位于正常区域,这将导致差异化的数据速率需求。进一步,我们针对配智能电网环境下的数据传输需求提出一种D2D通信辅助中继框架,以显著提升性能。

9.2.2 D2D通信辅助中继框架

如图9-2所示,所提出的D2D通信辅助中继框架可以被部署到基于OFDMA的蜂窝网络小区。该小区的中心有一个基站,在其服务范围内分布着一些用户和中继。基站、用户和中继均能够在多个OFDMA子信道上发送或接收信号。每个用户有两个无线接口,一个用于在无线局域网中和用户端设备进行通信,而另一个用于在小区中和基站进行通信。由于小区支持 D2D 通信机制,位于同一个小区内的用户或中继之间可以通过预留的 D2D 通信控制信道以随机接入的方式直接传输控制及交互信息(如信道质量信息等),有利于分布式传输调度策略的实施。由于本章关注智能电网环境下多个用户向控制中心进行报告的场景,我们主要考虑小区中的上行数据传输。下面对所提框架作具体说明。

在报告阶段的开端,用户需要收集用户端设备的报告。之后,每个用户基于收集到的报告做出能量管理决策,并发送用户报告到本地控制中心。由于配电网络通常被限制在一个面积有限的区域(若干平方千米),从基站到本地控制中心的有线时延通常比局域网时延和小区时延更低。例如,600km 距离的有线时延小于 31ms[160]。因此,报告阶段可以预留一个固定时间以应对有线时延。为了便于分析,我们假设在报告阶段只考虑局域网时延和小区时延。此外,用户的无线局域网接口工作在非授权频段,采用基于载波监听多址接入的随机接入协议以降低成本和开销,这导致局域网时延是随机的,因而在整体时延中引入了不确定性。当配电网络中存在故障时,故障区域中发出的用户报告比正常区域中发出的用户报告要大得多[150]。

关于用户报告在小区中的传输模式,图 9-4 比较了传统中继模式和 D2D 通信辅助中继模式(d_m 和 d_k 分别表示用户 m 和用户 k 的局域网时延)。假设由于数据速率要求过高、信道质量过差或者局域网时延过大等原因,用户 m 无法在子信道 C_m 上通过直接传输模式在报告期限内完成数据传输(图 9-4(a))。相比之下,用户 k 能够在子信道 C_k 上用直接传输模式在报告期限内完成数据传输,因此当用户 k 感受到的干扰是可以接受的情况下,用户 m 可以通过频谱衬垫型 D2D 通信来共享分配给用户 k 的子信道 C_k(图 9-4(c))。

(1)传统中继模式的操作过程如图 9-4(b)所示,中继以解码转发的方式在 C_m 上为用户 m 中继信息。其中,用户 m 至中继为接入链路,中继至基站为回程链路,分别工作在 C_m 的不同时间段。

(2)D2D 通信辅助中继模式的操作过程如图 9-4(c)所示,用户 m 和中继之间的 D2D 通信链路共享分配给用户 k 和基站之间链路的子信道 C_k,中继可以看作是工作在子信道 C_k 上的 D2D 通信接收机。用户 m 至中继的接入链路工作在 C_m 和 C_k 上(在 C_k 上作为频谱衬垫型 D2D 通信链路),而从中继到基站的回程链路工作在 C_m 上。接入链路可以获得更多的频谱资源,以克服中继通信中的瓶颈效应。

在总频谱资源消耗相同的条件下,用户 m 可以通过 D2D 通信辅助中继模式获取更高的数据速率。所提框架中的中继可以支持传统中继模式和 D2D 通信辅助中继模式,因此在某个子信道上,用户报告的传输可以工作在三种传输模式中的一种,即直接传输模式、传统中继模式或 D2D 通信辅助中继模式。

第9章 面向智能电网数据传输的 D2D 通信框架和调度策略

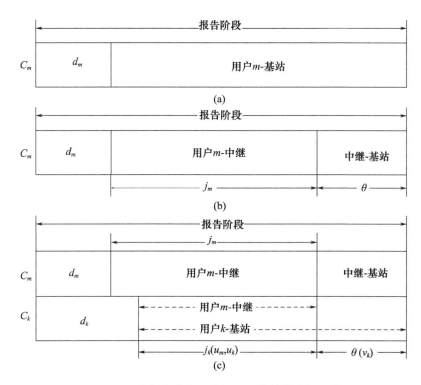

图 9-4 用户报告在小区中的 3 种传输模式的示意图

所提框架中的基站具备子信道分配以及在用户之间、用户与中继之间建立 D2D 通信链路的功能[7]。假设每个用户被预先分配了一个正交的子信道，以进行用户报告的传输。当用户位于故障区域中，信道质量较差，或有过大局域网时延时，在预先分配子信道上的数据速率可能无法满足在报告期限内完成用户报告传输的需求，从而造成信息损失。如果用户报告的预期信息损失超过一定的阈值，基站可以通过分配额外子信道给该用户的方式来减少信息损失。此外，我们假设每个用户至多被一个中继提供服务，并可以分享至多一个子信道，而每个子信道至多被一个 D2D 通信链路/小区链路对子共享。此外，D2D 通信链路/小区链路对子中的小区链路必须工作在直接传输模式。

9.3 最优化传输调度策略

信息损失率可以作为用户报告传输的性能指标。所提框架通过最优化传输调度策略以最小化整体信息损失率。具体来讲，频谱分配策略涵盖了传输模式选择、D2D 通信链路/小区链路配对、中继选择及发射功率控制。考虑在一个小区的服务范围内有 M 个用户，其编号为 $m \in \Psi = \{1,2,\cdots,M\}$，$m$ 也是预分配给

用户 m 的子信道的编号,以及从用户 m 到基站的数据流的编号。此外,有 S 个中继,其编号为 $s \in \Phi = \{1,2,\cdots,S\}$。

为了减轻基站的通信和计算开销,最优化传输调度策略(传输模式选择、链路配对、中继选择及发射功率控制)均以分布式的方式用户自行决定。我们定义 B_m(Byte)为用户 m 的报告大小,$m \in \Psi$。定义 $T(s)$ 为报告阶段的长度。因而在报告阶段完成数据流 m 的传输所需的最小平均数据速率为

$$R_m = \frac{8B_m}{T} \tag{9.1}$$

由于所考虑场景的拓扑结构较为稳定,处于慢衰落环境中,假设准确的信道质量估计是可行的,并且信道质量在一个报告阶段内保持不变[107]。此外,我们根据报告阶段的长度对用户 m 的局域网时延 d_m 进行归一化。

9.3.1 可达速率估计

如图 9-4 所示,在预分配子信道上,每个用户的数据流工作在三种传输模式中的一种。不失一般性,噪声被建模为独立同分布的循环对称复高斯随机变量 $\mathscr{CN}(0, N_0 W)$,其中,W 表示一个子信道的带宽,N_0 表示噪声的功率谱密度。此外,传统中继模式和 D2D 通信辅助中继模式的回程链路的持续时间(根据 T 进行归一化)被记为 $\theta(\theta \in [0,1])$。假设 $d_m \leq 1 - \theta, \forall m \in \Psi$,则每个用户都能够被中继协助。下面给出三种传输模式下的可达速率估计方法。

1) 直接传输模式

定义 $Q_1(m, p_m, p_m^C)$ 为在直接传输模式下,在报告阶段内数据流 m 在子信道 m 上的可达速率。基于频谱效率公式(b/(s·Hz^{-1}))[160],有

$$Q_1(m, p_m, p_m^C) = u_m \log_2\left(1 + \frac{p_m^C \cdot |h_m|^2}{\Gamma(N_0 W + I_m)}\right) + v_m \log_2\left(1 + \frac{p_m \cdot |h_m|^2}{\Gamma N_0 W}\right) \tag{9.2}$$

式中:Γ 为可达速率与香农容量之间的差异,其取值依赖于调制编码技术和目标误码率。为简明起见,Γ 被设置为 1。u_m 表示子信道 m 可以被 D2D 通信链路分享部分的长度,该部分被称为干扰部分,如图 9-4(c)所示,用 m 代替 k。v_m 表示子信道 m 无法被 D2D 通信链路分享部分的长度,该部分被称为非干扰部分,$v_m = 1 - d_m - u_m$。此外,p_m^C 表示用户 m 在干扰部分的发射功率,p_m 表示用户 m 在非干扰部分的发射功率。$p_m^C, p_m \leq P_m$,其中,P_m 为用户 m 在一个子信道上的最大发射功率。h_m 表示用户 m 到基站的信道质量,I_m 表示用户 m 从共享子信道 m 的 D2D 通信链接收到的干扰。在子信道 m 没有被任何 D2D 通信链路共享的情况下,有 $u_m = 0$,$p_m^C = 0$ 和 $I_m = 0$。

2) 传统中继模式

定义 $Q_2(m, s, p_m, p_{m,s}^S)$ 为传统中继模式下,在报告阶段内数据流 m 经中继 s

协助后在子信道 m 上的可达速率。有

$$Q_2(m,s,p_m,p_{m,s}^S) = \min\left\{j_m \log_2\left(1+\frac{p_m \cdot |h_{m,s}|^2}{\Gamma N_0 W}\right), \theta \log_2 \frac{p_{m,s}^S \cdot |h_{m,s}^S|^2}{\Gamma N_0 W}\right\} \tag{9.3}$$

式中:$h_{m,s}$ 表示用户 m 到中继 s 链路在子信道 m 上的信道质量;$h_{m,s}^S$ 表示中继 s 到基站的链路在子信道 m 上的信道质量;$p_{m,s}^S$ 表示中继 s 在子信道 m 上的发射功率;$p_{m,s}^S < P_s^S$,P_s^S 为中继 s 在一个子信道上的最大发射功率。

如图 9-4(b)所示,j_m 表示中继通信接入链路的持续时间,$j_m = 1 - d_m - \theta$。

3) D2D 通信辅助中继模式

定义 $Q_3(m,s,k,p_m,p_{m,k}^D,p_{m,s}^S)$ 为在 D2D 通信辅助中继模式下,在报告阶段内数据流 m 经中继 s 协助后在子信道 m 上的可达速率。特别地,从用户 m 到中继 s 的接入链路包含一个频谱衬垫型 D2D 通信链路,该链路共享了分配给用户 k 到基站的小区链路的子信道 k。可达速率为

$$Q_3(m,s,k,p_m,p_{m,k}^D,p_{m,s}^S)$$
$$= \min\left\{j_m \log_2\left(1+\frac{p_m \cdot |h_{m,s}|^2}{\Gamma N_0 W}\right) + u_m \log_2\left(1+\frac{p_{m,k}^D \cdot |h_{m,s}|^2}{\Gamma N_0 W}\right), \theta \log_2 \frac{p_{m,s}^S \cdot |h_{m,s}^S|^2}{\Gamma N_0 W}\right\} \tag{9.4}$$

式中:$h_{m,s,k}$ 表示用户 m 到中继 s 的链路在子信道 k 上的信道质量。

如图 9-4(c)所示,干扰部分的长度 $u_m = u_k = \min\{j_m, j_k\}$。$p_{m,k}^D$ 表示用户 m 在子信道 k 上,干扰部分的发射功率,$p_{m,k}^D \leq P_m$。此外,$I_{k,s} = p_k^C \cdot |h_{k,s}|^2$ 表示在干扰部分用户 k 对中继 s 造成的干扰。值得注意的是,用户 k 需要工作在直接传输模式以共享自己的子信道给用户 m。特别地,式(9.2)中的 I_k(替换 m 为 k)等于 $p_{m,k}^D \cdot |h_{m,0,k}|^2$,$h_{m,0,k}$ 表示用户 m 到基站的链路在子信道 k 上的信道质量。

9.3.2 随机规划问题的数学描述

在报告阶段,一个用户的数据流可以工作在三种传输模式下。这里,用三个 0-1 指示变量,α_m、$\beta_{m,s}$、$\gamma_{m,s,k}$ 代表模式选择决策,其中,α_m 表示数据流 m 在一个报告阶段是否采用直接传输模式,$\beta_{m,s}$ 表示数据流 m 一个报告阶段是否采用传统中继模式(经过中继 s),$\gamma_{m,s,k}$ 表示数据流 m 是否采用 D2D 通信辅助中继模式(经过中继 s 并共享子信道 k)。因此,数据流 m 在报告阶段实现的平均数据速率可表示为

$$\gamma_m = W\Big[Q_1(m,p_m,p_m^C)\alpha_m + \sum_{s \in \Phi} Q_2(m,s,p_m,p_{m,s}^S)\beta_{m,s}$$
$$+ \sum_{s \in \Phi, k \in \Psi, k \neq m} Q_3(m,s,k,p_m,p_{m,k}^D,p_{m,s}^S)\gamma_{m,s,k}\Big] \tag{9.5}$$

定义 $R^L(r_m)$ 为信息损失率函数:

$$R^L(r_m) = \max\{R_m - r_m, 0\} \tag{9.6}$$

式中：R_m 为用户 m 的报告在报告期限内完成传输所需要的最小平均数据速率；r_m 为用户在预先分配的子信道上的预期平均数据速率。

由于局域网时延是随机的，仅当所有用户端设备的报告通过无线局域网被用户 m 收集后，用户 m 获得完全准确的 d_m。不失一般性，假设在报告阶段的开始，用户 m 通过数值计算或者历史统计信息获取了 d_m 的分布。我们把总体信息损失率最小化的问题描述为两阶段随机规划问题（相关基础知识在第 2 章给出），用 ω 表示 M 个局域网时延构成的场景，且 $\omega \in \Omega$。第一阶段问题的决策变量为 D2D 通信链路/小区链路配对方案，目标为最小化总体信息损失率在所有可能场景下的期望。第二阶段问题的决策变量为传输模式选择、中继选择及发射功率控制，目标为在场景和 D2D 通信链路/小区链路配对方案给定的情况下，最小化总体信息损失率。

1）第一阶段问题

第一阶段问题的决策变量为 $\mu = \{\mu_{m,k} | m \in \Psi, k \in \Psi, k \neq m\}$ 和 $\mu_{m,k} \in \{0,1\}$。当 $\mu_{m,k} = 1$ 时，用户 m（D2D 通信发射机）和用户 k（小区发射机）在同一个 D2D 通信链路/小区链路对子中。第一阶段问题被描述如下：

$$\begin{aligned} &\min E_\omega[f(\mu,\omega)] \\ &\text{s. t.} \sum_{m \in \Psi, m \neq k} \mu_{m,k} \leq 1, \forall k \in \Psi \\ &\sum_{k \in \Psi, k \neq m} \mu_{m,k} \leq 1, \forall m \in \Psi \end{aligned} \tag{9.7}$$

式中：$E_\omega[f]$ 表示 f 在所有可能的 $\omega \in \Omega$ 上的期望，目标函数中的 $f(\mu,\omega)$ 为第二阶段中场景 ω 下最小化总体信息损失率的目标值。

2）第二阶段问题

当场景 ω 揭晓后，第二阶段决策变量为 $\alpha_m(\omega)$、$\beta_{m,s}(\omega)$、$\gamma_{m,s,k}(\omega)$ 以及各个发射机的发射功率。第二阶段问题描述如下：

$$\begin{aligned} f(\mu,\omega) =& \min \sum_{m \in \Psi} R_m^L(r_m(\mu,\omega)) \\ \text{s. t.}\ & \alpha_m(\omega) + \sum_{s \in \Phi} \beta_{m,s}(\omega) + \sum_{s \in \Phi, k \in \Psi, k \neq m} \gamma_{m,s,k}(\omega) = 1, \forall m \in \Psi \\ & \sum_{s \in \Phi} \gamma_{m,s,k}(\omega) = \mu_{m,k}, \forall m \in \Psi, \forall k \in \Psi, k \neq m \\ & \alpha_k(\omega) = 1, \forall k \in \{k | \mu_{m,k} = 1, k \in \Psi, m \in \Psi, m \neq k\} \\ & r_k(\mu,\omega) \geq R_k, \forall k \in \{k | \mu_{m,k} = 1, k \in \Psi, m \in \Psi, m \neq k\} \\ & 0 \leq p_m(\omega), p_m^C(\omega), p_{m,k}^D(\omega) \leq P_m, \forall m \in \Psi, \forall k \in \Psi, k \neq m, \\ & 0 \leq p_{m,s}^S(\omega) \leq P_S^S, \forall m \in \Psi, \forall s \in \Phi \end{aligned} \tag{9.8}$$

根据文献[149]，d_m 的可能取值可以被量化到 L 个不同的值，则所有可能的场景数量为 $|\Omega| = L^M$，随着用户数量 M 指数增长。9.3.3 小节将通过观察二阶段随机规划问题的结构，构造求解 μ 的方法。进一步，基于求得的 μ 提出一个分布式实时传输调度算法。

9.3.3 针对随机规划问题的分布式最优求解方案

1）随机规划问题的求解

首先，定义 $z_m(\omega)$ 为用户 m 在场景 ω 中的盈余数据速率，可以得到

$$z_m(\omega) = W(1 - d_m(\omega))\log_2\left(1 + \frac{P_m \cdot |h_m|^2}{\Gamma N_0 W}\right) - R_m \tag{9.9}$$

根据 $z_m(\omega)$，用户集合 Ψ 可以分成三个子集，Ψ_1、Ψ_2 和 Ψ_3：

$$\Psi_1 = \{m \mid \sup_\omega \{z_m(\omega)\} < 0, m \in \Psi\} \tag{9.10}$$

$$\Psi_2 = \{m \mid \inf_\omega \{z_m(\omega)\} > 0, m \in \Psi\} \tag{9.11}$$

式中：$\sup_\omega\{z_m(\omega)\}$ 和 $\inf_\omega\{z_m(\omega)\}$ 分别表示 $z_m(\omega)$ 的上确界和下确界。Ψ_3 中包含既不在 Ψ_1 中，也不在 Ψ_2 中的其他元素。显然，Ψ_1 中的用户在任何局域网时延下都不能通过直接传输模式满足数据速率需求，而 Ψ_2 中的用户在任何局域网时延下都可以通过直接传输模式满足数据速率需求。在报告阶段的开端，每个用户可以自行确定其所在的集合（Ψ_1、Ψ_2 或 Ψ_3）。

不失一般性，假设 $z_m(\omega)$ 的取值主要由信道质量以及数据速率需求决定。相比之下，局域网时延的影响是次要的。因此，可以认为 Ψ 中的绝大多数元素在 Ψ_1 或 Ψ_2 中。我们在解决随机规划问题时暂且不考虑 Ψ_3 中的用户。

下一步，将式(9.7)转化为一个二阶段展开形式的问题：

$$\min \sum_{m \in \Psi_1} \sum_{w \in \Omega} \Pr(\omega) R_m^L(r_m(\mu, \omega)) \tag{9.12}$$

$$\text{s.t.} \sum_{m \in \Psi_1} \mu_{m,k} \leq 1, \forall k \in \Psi_2 \tag{9.13}$$

$$\sum_{k \in \Psi_2} \mu_{m,k} \leq 1, \forall m \in \Psi_1 \tag{9.14}$$

$$\alpha_m(\omega) + \sum_{s \in \Phi} \beta_{m,s}(\omega) + \sum_{s \in \Phi, k \in \Psi_2} \gamma_{m,s,k}(\omega) = 1, \forall m \in \Psi_1, \forall \omega \tag{9.15}$$

$$\sum_{s \in \Phi} \gamma_{m,s,k}(\omega) = \mu_{m,k}, \forall m \in \Psi_1, \forall k \in \Psi_2, \forall \omega \tag{9.16}$$

$$\alpha_k(\omega) = 1, \forall k \in \{k \mid \mu_{m,k} = 1, m \in \Psi_1, k \in \Psi_2\}, \forall \omega \tag{9.17}$$

$$\gamma_k(\mu, \omega) \geq R_k, \forall k \in \{k \mid \mu_{m,k} = 1, m \in \Psi_1, k \in \Psi_2\}, \forall \omega \tag{9.18}$$

$$0 \leq p_m(\omega), p_m^C(\omega), p_{m,k}^D(\omega) \leq P_m, \forall m \in \Psi_1, \forall k \in \Psi_2, \forall \omega \tag{9.19}$$

$$0 \leq p_{m,s}^S(\omega) \leq P_s^S, \forall m \in \Psi_1, \forall s \in \Phi, \forall \omega \tag{9.20}$$

式中：$\Pr(\omega)$ 表示场景 ω 出现的概率。

式(9.12)为一个混合整数规划问题，直接求解比较困难。通过观察式(9.12)结构，给出如下定理：

定理 9.1：如果一个优化问题可以被描述为式(9.12)，则该问题等效为一个二分图最大权匹配问题。

证明：如图 9-5 所示，构造一个二分图 $A = (\Psi_1 \times \Psi_2', E)$，其中，集合 Ψ_2' 包含集合 Ψ_2 和一个由 $|\Psi_1|$ 个空元素组成的新集合（由图 9-5 中的灰顶点表示）。边集 E 包含 $|\Psi_1||\Psi_2'|$ 条边，连接两个顶点集中所有可能的对子。每条边 (m,k) $(m \in \Psi_1, k \in \Psi_2')$ 关联到开销 $\pi_{m,k}$，其值等于当顶点 m 和顶点 k 在二分图中形成一个对子时，数据流 m 在所有场景中的最小信息损失率的期望。特别地，当 $k \notin \Psi_2$ 时（灰色顶点），数据流 m 要么采用直接传输模式，要么采用传统中继模式。当 $k \in \Psi_2$ 时，数据流 m 采用 D2D 通信辅助中继模式。通过以上映射，获取 $\pi_{m,k}$ 的过程等效于在满足约束条件式(9.18)~式(9.20)的情况下，在各个场景中进行最优的传输模式选择、中继选择和发射功率控制。因此，获得最小开销匹配方案的过程就是获得最优 D2D 通信链路/小区链路配对方案 μ 的过程。此外，约束条件式(9.13)~式(9.17)在匹配过程中自然而然地得到满足。因此，式(9.12)等效于一个二分图最小开销匹配问题。

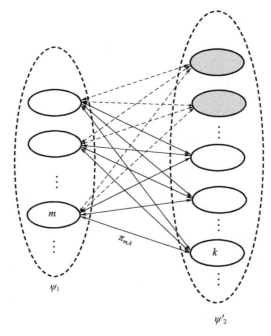

图 9-5　与式(9.12)等效的二分图最小开销匹配问题

进一步观察等效二分图最小开销匹配问题的结构，可以发现，由于其他用户的局域网时延不会影响用户 m 和用户 k 对应的 $\pi_{m,k}$ 的取值，故计算 $\pi_{m,k}$ 时，只需要考虑边 (m,k) 对应的本地场景。用 $\omega_{m,k}$ 表示边 (m,k) 对应的本地场景，$\omega_{m,k} \in \Omega_{m,k}$。当 $k \notin \Psi_2$ 时，$\Omega_{m,k} = L$；当 $k \in \Psi_2$ 时，$|\Omega_{m,k}| = L^2$。通过上述操作，场景的数量从式(9.12)中的 L^M 减少到 $O(L^2)$，极大地减轻了系统的计算开销。

为简明起见，假设 $p_m(\omega) \in \{0, P_m\}$，$p_k^C(\omega) \in \{0, P_k\}$，$p_{m,s}^S(\omega) \in \{0, p_s^S\}$，$p_{m,k}^D(\omega) \in [0, P_m]$。

为了构建二分图，下面分两种情形计算 $\pi_{m,k}, k \in \Psi_{2'}$。

情形 1: $k \notin \Psi_2$（用户 m 采用直接传输模式或者传统中继模式）。为了最小化信息损失率，设定 $p_m(\omega_{m,k}) = P_m$ 并且 $p_{m,s}^S(\omega_{m,k}) = p_s^S$。定义

$$g_1^{\omega_{m,k}}(m) = WQ_1^{\omega_{m,k}}(m, P_m, 0) \tag{9.21}$$

$$g_2^{\omega_{m,k}}(m, s(\omega_{m,k})) = WQ_2^{\omega_{m,k}}(m, s(\omega_{m,k}), P_m, p_{m,s}^S) \tag{9.22}$$

则

$$\pi_{m,k}^{\omega_{m,k}} = \min\{R_m^L(g_1^{\omega_{m,k}}(m)), \min_{s(\omega_{m,k})} R_m^L(g_2^{\omega_{m,k}}(m, s(\omega_{m,k})))\} \tag{9.23}$$

当 $R_m^L(g_1^{\omega_{m,k}}(m)) \leq \min_{s(\omega_{m,k})} R_m^L(g_2^{\omega_{m,k}}(m, s(\omega_{m,k})))$ 时，数据流 m 在场景 $\omega_{m,k}$ 中采用直接传输模式要优于采用传统中继模式，反之则采用传统中继模式更优。最后，可以得到 $\pi_{m,k} = \sum_{\omega_{m,k}} \Pr(\omega_{m,k}) \pi_{m,k}^{\omega_{m,k}}$。

情形 2: $k \in \Psi_2$（用户 m 采用 D2D 通信辅助中继模式）。为了最小化信息损失率，设定 $p_m(\omega_{m,k}) = P_m$，$p_k(\omega_{m,k}) = P_k$，$p_{m,s}^S(\omega_{m,k}) = p_s^S$。定义

$$g_3^{\omega_{m,k}}(m, s(\omega_{m,k}), k, p_{m,k}^D(\omega_{m,k})) = WQ_3^{\omega_{m,k}}(m, s(\omega_{m,k}), k, P_m, p_{m,k}^D(\omega_{m,k}), p_{m,s}^S) \tag{9.24}$$

可得

$$\begin{aligned}
\pi_{m,k}^{\omega_{m,k}} = &\min R_m^L(g_3^{\omega_{m,k}}(m, s(\omega_{m,k}), k, p_{m,k}^D(\omega_{m,k}))) \\
\text{s.t. } & WQ_1^{\omega_{m,k}}(k, P_k, p_k^C(\omega_{m,k})) > R_k \\
& 0 \leq p_{m,k}^D(\omega_{m,k}) \leq P_m \\
& p_k^C(\omega_{m,k}) \in \{0, P_k\}
\end{aligned} \tag{9.25}$$

如果用户 k 在一个报告阶段的非干扰部分就能满足数据速率的需求，则 $p_k^{C*}(\omega_{m,k}) = 0$。反之，用户 k 在干扰部分以最大发射功率发送数据，即 $p_k^{C*}(\omega_{m,k}) = P_k$。通过求解式(9.25)，可以获得最优解 $s^*(\omega_{m,k})$ 和 $p_{m,k}^{D*}(\omega_{m,k})$。最终得到 $\pi_{m,k} = \sum_{\omega_{m,k}} \Pr(\omega_{m,k}) \pi_{m,k}^{\omega_{m,k}}$。

根据 $\pi_{m,k}$，可以利用匈牙利算法获取最小开销的匹配方案 μ。因为二分图的构造复杂度为 $O(|\Psi_1||\Psi_2'||\Phi||L^2|)$，式(9.12)的求解为多项式时间复杂

度。不难推知整个传输调度算法同样为多项式时间复杂度,有利于被部署在实际系统中。

下面给出在报告阶段的开端,通过用户之间协作来分布式求解式(9.7)的方法,以获得最优的 D2D 通信链路/小区链路配对方案 μ。假设用户 $m(m \in \Psi)$ 知晓 R_m,以及从用户 m 到基站和各个中继的链路的信道质量,即 h_m、$h_{m,s}$、$h_{m,s,k}$ 和 $h_{m,0,k}$,$\forall s \in \Phi$,$\forall k \in \Psi$,$k \neq m$。此外,假设 P_m、p_s^S 以及 d_m 的分布在较长的一段时间内保持不变,则可以认为各个用户均知晓 P_m、p_s^S 以及 d_m 的分布,$\forall m \in \Psi$,$\forall s \in \Phi$。分布式获取 μ 的过程如下。

(1)中继 $s(s \in \Phi)$ 在 D2D 通信控制信道上广播 $h_{m,s}^S$ ($\forall m \in \Psi$);集合 Ψ_2 中的用户 k (施助者)在 D2D 通信控制信道上广播 R_k、h_k、$h_{k,s}$ ($\forall s \in \Phi$)。

(2)获取上述信息后,集合 Ψ_1 中的用户 m (受助者)根据式(9.23)和式(9.25)计算 $\pi_{m,k}$ ($\forall k \in \Psi_2'$)。

(3)集合 Ψ_1 中的用户形成一个簇,并随机产生一个簇头。之后,除簇头之外的其他用户通过 D2D 通信控制信道将 $\pi_{m,k}$ ($\forall k \in \Psi_2'$)发送至簇头。簇头计算出 μ 并在 D2D 通信控制信道上广播 μ。

2) 分布式实时传输调度算法

用户准备将用户报告发送至基站时,准确的局域网时延信息揭晓。此时,该用户需要决定实际的传输模式、中继选择以及发射功率控制。下一步,我们提出一种基于配对方案 μ 的分布式实时传输调度算法。当用户 m 准备发送用户报告时,依照调度算法进行如下操作。

(1)若用户 m 为一个 D2D 通信链路/小区链路对子中的 D2D 通信发射机,在 D2D 通信控制信道上周期性地发送 d_m 直至同一个对子中的小区发射机(记为用户 k)收到 d_m 并且准备发送报告。在最开始:①若用户 k 已经开始发送报告,则用户 m 基于式(9.25)决定 s(中继选择)和 $p_{m,k}^D$。②若用户 k 还未开始发送报告,则用户 m 根据式(9.23)确定 s,并先通过传统中继模式发送报告。一旦用户 k 准备发送报告,用户 m 切换到 D2D 通信辅助中继模式,基于式(9.25)决定 $p_{m,k}^D$。

(2)若用户 m 为一个 D2D 通信链路/小区链路对子中的小区发射机,在 D2D 通信控制信道上周期性地发送 d_m 直至同一个对子中的 D2D 通信发射机(记为用户 k)收到 d_m 并且准备发送报告。用户 m 基于式(9.25)决定 $p_{m,k}^C$。

(3)若用户 m 不属于任何 D2D 通信链路/小区链路对子,根据式(9.23)决定传输模式。

如果一个用户的预期信息损失率高于预设的阈值,它可以向基站请求额外的子信道直至信息损失率满足阈值。出于减少计算与通信开销的目的,假设用户在额外的子信道上只采用直接传输模式。

9.4 仿真结果及性能评估

计算机仿真考虑一个以基站为中心、半径为 800m 的 OFDMA 蜂窝网络小区。4 个中继均匀分布在一个以基站为中心、半径等于 400m 的圆环上，20 个用户在小区内均匀分布。子信道的带宽为 180kHz，其载波中心频率为 2000MHz。基站、中继和用户之间的信道建模参考 IEEE 802.16j 工作组推荐的 COST-231 模型[125]，该模型综合考虑城市环境下的链路损耗、大尺度阴影和小尺度的衰落。视距通信的小尺度衰落被表示为莱斯随机变量，非视距通信的小尺度衰落被表示为瑞利随机变量。由于基站和中继都被放置在离地面有一定高度的位置，它们之间的链路以视距成分为主；由于建筑物遮挡，基站/中继至用户的链路以非视距成分为主，其他信道模型相关参数第 7.4 节实验完全相同，可参见表 7-1。中继通信第二跳的长度为 $\theta = 0.4$，中继在一个子信道上的最大发射功率为 19dBm。根据文献[153]，局域网时延的分布如图 9-6 所示。我们定义故障比率为小区范围内，故障区域中用户数量与所有用户数量的比率。根据文献[148]，来自正常区域的用户报告的大小被设为 10^4 Byte。此外，我们定义报告大小比率为来自故障区域的用户报告大小相比于来自正常区域的用户报告大小的比率。

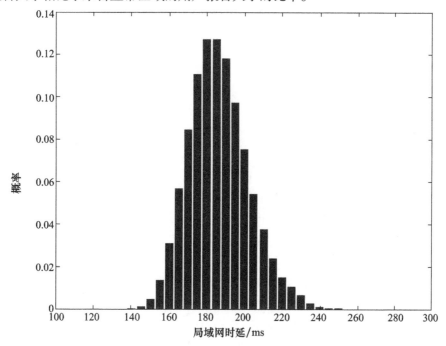

图 9-6 局域网时延的分布

考虑以下三种框架。

(1) 基线：仅支持直接传输模式的框架。

(2) 传统中继：仅支持直接传输模式和传统中继模式的框架。传输调度策略依据式(9.23)进行优化。

(3) 所提框架：所提出的框架，支持直接传输模式、传统中继模式和 D2D 通信辅助中继模式，采用最优化传输调度策略。

此外，考察两个性能指标。一个性能指标为归一化的总体信息损失率，即整体信息损失率和整体所需数据速率之比（在 0 和 1 之间变化，越小越好）；另一个性能指标为使得总体信息损失率为 0 的带宽需求峰值。为了保证结果的可靠性，我们在重复试验中测量上述性能指标并取均值。每一次重复试验都改变相关网络的参数配置，如重置信道质量和局域网时延等。

将用户在一个子信道上的最大发射功率设为 14dBm，报告大小比率设为 8 倍，故障比率设为 0.4，报告阶段长度设为 1s，然后比较 3 个框架下的性能。如表 9-1 所列，基线框架下的归一化的信息损失率为 0.3936，即在预分配子信道的情况下，损失了 39.36% 的用户报告数据。相比之下，所提框架下仅有 5.12% 的信息损失，相比基线框架减少 87%，而传统中继框架可以将信息损失减少 45.95%。所提框架带来显著性能提升的原因如下。

表 9-1 不同框架下归一化的总体信息损失率和带宽需求峰值的比较

框架	归一化的总体信息损失率	和基线框架进行比较	带宽需求峰值	和基线框架进行比较
基线	0.3936	—	14.07MHz	—
传统中继	0.2128	−45.95%	8.58MHz	−39.01%
所提框架	0.0512	−87.00%	4.97MHz	−64.71%

(1) 通过频谱衬垫型 D2D 通信，智能电网环境下差异化的数据速率需求被利用以提升小区的频谱复用程度。

(2) 中继通信中相对较弱的接入链路被加强，从而克服了性能瓶颈。

此外，和基线框架相比，所提框架将带宽需求峰值减少了 64.71%（从 14.07MHz 减少到 4.97MHz），该结果对于频谱资源受限的蜂窝网络十分有益。可以发现，减少信息损失率会带来带宽需求峰值的降低。

保持其他参数不变，将故障比率从 0（没有用户在故障区域中）变化至 1（所有用户都在故障区域中）。如图 9-7 所示，三种框架下归一化的总体信息损失率随着故障比率的增加而增加。对于不同的故障比率，所提框架均能取得最佳的性能。此外，当故障比率从 0.4 变化至 1 时，所提框架与其他两个框架的性能差距逐步缩小，这是因为当更多用户位于故障区域时，具有盈余数据速率的用户数量减少，则用户使用 D2D 通信辅助中继模式的机会减少。此外,为了使归一化的总体信息损失率不超过某一阈值,所提框架所能容忍的故障比率高于其他两种框架。

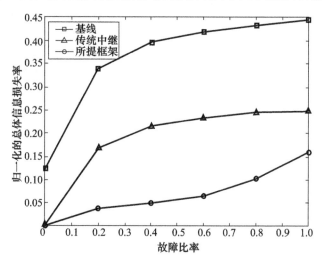

图 9-7　不同框架下归一化的总体信息损失率随故障比率变化的曲线

图 9-8 展示了当报告大小比率从 5 倍变化至 10 倍时,三种框架下归一化的总体信息损失率的变化趋势。可以发现,三种框架下归一化的总体信息损失率随着报告大小比率的增大而增大。对于不同的报告大小比率,所提框架均能取得最佳的性能。

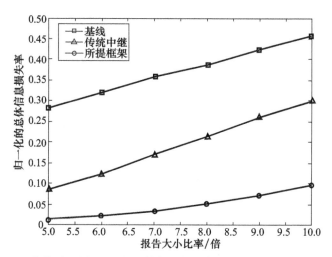

图 9-8　不同框架下归一化的总体信息损失率随报告大小比率变化的曲线

图 9-9 展示了报告阶段长度对三种框架性能的影响。随着报告阶段长度从 1s 增加至 2s,三种框架下归一化的总体信息损失率不断减小,这是因为报告阶段

长度的增加会导致数据速率需求的降低。此外,为了使归一化的总体信息损失率不超过某一阈值,所提框架能够支持比其他两种框架更短的报告阶段长度。

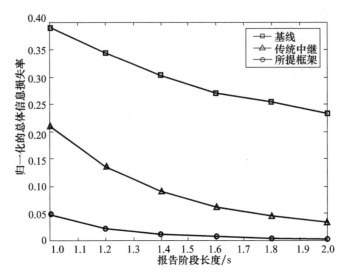

图 9-9 不同框架下归一化的总体信息损失率随报告阶段长度变化的曲线

最后评估用户在单个子信道上的最大发射功率对三种框架性能的影响。如图 9-10 所示,随着用户在单个子信道上的最大发射功率从 14dBm 变化至 19dBm,三种框架下归一化的总体信息损失率不断减小。显然,为了使归一化的总体信息损失率不超过某一阈值,基线框架和传统中继框架需要的用户最大发射功率比所提框架要大得多。

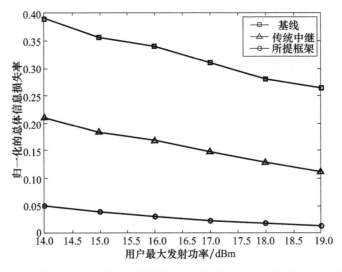

图 9-10 不同框架下归一化的总体信息损失率随用户最大发射功率变化的曲线

第 9 章 面向智能电网数据传输的 D2D 通信框架和调度策略

总而言之,所提框架在不同参数配置条件下均能显著降低归一化的整体信息损失率,这有利于减少智能电网环境下小区中时延敏感数据传输的带宽需求峰值。

9.5 小结

本章研究了面向智能电网数据传输的 D2D 通信辅助中继通信问题。针对智能电网环境下小区中时延敏感数据的传输,提出了一种 D2D 通信辅助中继框架,利用差异化的数据速率需求,构成频带内频谱衬垫型 D2D 通信以强化中继通信中较弱的接入链路,突破传统中继通信的性能瓶颈。本章在所提框架下给出最优化传输调度策略,综合考虑传输模式选择、D2D 通信链路/小区链路配对、中继选择及发射功率控制,以实现总体信息损失率的最小化。考虑到局域网时延的不确定性,最优化传输调度问题被描述为一个两阶段的随机规划问题。我们首先给出了分布式获取 D2D 通信链路/小区链路配对方案的方法,随后提出一个分布式实时传输调度算法。大量仿真结果表明,所提框架相比于基线框架和传统中继框架,能大幅降低总体信息损失率以及带宽需求峰值。

参考文献

[1] Yin S,Chen D,Zhang Q,et al. Mining spectrum usage data:a large - scale spectrum measurement study[J]. IEEE Transactions on Mobile Computing,2012,11(6):1033 - 1046.

[2] Federal Communications Commission. Spectrum policy task force report[R]. Technical Report, 2002,11.

[3] Haykin S. Cognitive radio:brain - empowered wireless communications[J]. IEEE Journal on Selected Areas in Communications,2005,23(2):201 - 220.

[4] Liang Y C,Chen K C,Li G Y,et al. Cognitive radio networking and communications:an overview[J]. IEEE Transactions on Vehicular Technology,2011,60(7):3386 - 3407.

[5] Zhao Q,Sadler B M. A survey of dynamic spectrum access[J]. IEEE Signal Processing Magazine,2007,24(3):79 - 89.

[6] WG D X. The XG Architectural Framework V1. 0[Z]. 2003.

[7] Weiss T A,Jondral F K. Spectrum pooling:an innovative strategy for the enhancement of spectrum efficiency[J]. IEEE Communications Magazine,2004,42(3):8 - 14

[8] Cordeiro C,Challapali K,Birru D,et al. IEEE 802. 22:the first worldwide wireless standard based on cognitive radios[C]//Proceedings of IEEE International Symposium on New Frontiers in Dynamic Spectrum Access Networks,DySPAN,2005:328 - 337.

[9] Murty R,Chandra R,Moscibroda T,et al. Senseless:A database - driven white spaces network [C]//Proceedings of IEEE Symposium on New Frontiers in Dynamic Spectrum Access Networks,DySPAN,2011:10 - 21.

[10] Murty R,Chandra R,Moscibroda T,et al. Senseless:A database - driven white spaces network [J]. IEEE Transactions on Mobile Computing,2012,11(2):189 - 203.

[11] Haykin S,Thomson D J,Reed J H. Spectrum sensing for cognitive radio[C]// Proceedings of the IEEE,2009,97(5):849 - 877.

[12] Kim H,Kang G S. Efficient discovery of spectrum opportunities with MAC - layer sensing in cognitive radio networks[J]. IEEE Transactions on Mobile Computing,2008,7(5):533 - 545.

[13] Zhao Q,Sadler B M. A survey of dynamic spectrum access[J]. IEEE Signal Processing Magazine,2007,24(3):79 - 89.

[14] Liang Y C,Zeng Y,Peh E,et al. Sensing - throughput tradeoff for cognitive radio networks[J]. IEEE Transactions on Wireless Communications,2008,7(4):1326 - 1337.

[15] Zeng Y,Liang Y C. Eigenvalue - based spectrum sensing algorithms for cognitive radio[J]. IEEE Transactions on Communications,2009,57(6):1784 - 1793.

[16] Zeng Y,Liang Y C,Pham T H. Spectrum sensing for OFDM signals using pilot induced auto -

correlations[J]. IEEE Journal on Selected Areas in Communications,2013,31(3):353 - 363.

[17] Zhang W,Mallik R K,Letaief K. Cooperative spectrum sensing optimization in cognitive radio networks [C]// Proceedings of IEEE International Conference on Communications, ICC, 2008:3411 - 3415.

[18] Quan Z,Cui S,Sayed A H. Optimal linear cooperation for spectrum sensing in cognitive radio networks[J]. IEEE Journal of Selected Topics in Signal Processing,2008,2(1):28 - 40.

[19] Chen R,Park J M,Bian K. Robust distributed spectrum sensing in cognitive radio networks [C]//Proceedings of IEEE International Conference on Computer Communications, INFO-COM,2008:1 - 9.

[20] Zhang W,Letaief K. Cooperative spectrum sensing with transmit and relay diversity in cognitive radio networks[J]. IEEE Transactions on Wireless Communications,2008,7(12):4761 - 4766.

[21] Ganesan G,Li Y. Cooperative spectrum sensing in cognitive radio, part I:Two user networks [J]. IEEE Transactions on Wireless Communications,2007,6(6):2204 - 2213.

[22] Ganesan G,Li Y. Cooperative spectrum sensing in cognitive radio, part II:Multiuser networks [J]. IEEE Transactions on Wireless Communications,2007,6(6):2214 - 2222.

[23] Peh E,Liang Y C. Optimization for cooperative sensing in cognitive radio networks[C]// Proceedings of IEEE Wireless Communications and Networking Conference,WCNC,2007:27 - 32.

[24] Wellens M,Riihijarvi J,Mahonen P. Evaluation of adaptive MAC - layer sensing in realistic spectrum occupancy scenarios[C]// Proceedings of IEEE Symposium on New Frontiers in Dynamic Spectrum Access Networks,DySPAN. IEEE,2010:1 - 12.

[25] Wang X,Chen W,Cao Z. Partially observable Markov decision process - based MAC - layer sensing optimisation for cognitive radios exploiting rateless - coded spectrum aggregation[J]. IET Communications,2012,6(8):828 - 835.

[26] Chen H,Chen H H. Spectrum sensing scheduling for group spectrum sharing in cognitive radio networks[J]. International Journal of Communication Systems,2011,24(1):62 - 74.

[27] Yin S,Chen D,Zhang Q,et al. Prediction - based throughput optimization for dynamic spectrum access[J]. IEEE Transactions on Vehicular Technology,2011,60(3):1284 - 1289.

[28] Cao Y,Qu D,Jiang T. Throughput maximization in cognitive radio system with transmission probability scheduling and traffic pattern prediction[J]. Mobile Networks and Applications, 2012,17(5):604 - 617.

[29] Zhang T,Tsang D H. Optimal cooperative sensing scheduling for energy - efficient cognitive radio networks[C]// Proceedings of IEEE International Conference on Computer Communications,INFOCOM. IEEE,2011:2723 - 2731.

[30] Wang Z,Qu D,Jiang T. Novel adaptive collaboration sensing for efficient acquisition of spectrum opportunities in cognitive radio networks[J]. Wireless networks,2013,19(2):247 -258.

[31] Hoang A T,Liang Y C,Zeng Y. Adaptive joint scheduling of spectrum sensing and data transmission in cognitive radio networks[J]. IEEE Transactions on Communications,2010,58(1): 235 - 246.

[32] Zhu X, Shen L, Yum T S. Analysis of cognitive radio spectrum access with optimal channel reservation[J]. IEEE Communications Letters, 2007, 11(4):304-306.

[33] Ahmed W, Gao J, Suraweera H A, et al. Comments on analysis of cognitive radio spectrum access with optimal channel reservation[J]. IEEE Transactions on Wireless Communications, 2009, 8(9):4488-4491.

[34] Wang C W, Wang L C, Adachi F. Modeling and analysis for reactive – decision spectrum handoff in cognitive radio networks[C]// Proceedings of IEEE Global Telecommunications Conference, GLOBECOM, 2010:1-6.

[35] Wang L C, Wang C W. Spectrum handoff for cognitive radio networks: Reactive sensing or proactive – sensins? [C]// Proceedings of IEEE International Performance, Computing and Communications Conference, IPCCC, 2008:343-348.

[36] Wang L C, Anderson C. On the performance of spectrum handoff for link maintenance in cognitive radio[J]. Proceedings of 3rd International Symposium on Wireless Pervasive Computing, ISWPC, 2008:670-674.

[37] Wang L C, Wang C W, C. Chang J. Modeling and analysis for spectrum handoffs in cognitive radio networks[J]. IEEE Transactions on Mobile Computing, 2012, 11(9):1499-1513.

[38] Tang S, Mark B L. Modeling and analysis of opportunistic spectrum sharing with unreliable spectrum sensing[J]. IEEE Transactions on Wireless Communications, 2009, 8(4):1934-1943.

[39] Tang P K, Chew Y H. On the modeling and performance of three opportunistic spectrum access schemes[J]. IEEE Transactions on Vehicular Technology, 2010, 59(8):4070-4078.

[40] Yoon S U, Ekici E. Voluntary spectrum handoff: a novel approach to spectrum management in CRNs[C]// Proceedings of IEEE International Conference on Communications, ICC, 2010:1-5.

[41] Ma R T, Hsu Y P, Feng K T. A POMDP – based spectrum handoff protocol for partially observable cognitive radio networks[C]// Proceedings of IEEE Wireless Communications and Networking Conference, WCNC, 2009:1-6.

[42] Zhang Y. Dynamic spectrum access in cognitive radio wireless networks[C]// Proceedings of IEEE International Conference on Communications, ICC, 2008:4927-4932.

[43] Zhang Y. Spectrum handoff in cognitive radio networks: Opportunistic and negotiated situations [C]// Proceedings of IEEE International Conference on Communications, ICC, 2009:1-6.

[44] Feng W, Cao J, Zhang C S, et al. Joint optimization of spectrum handoff scheduling and routing in multi – hop multi – radio cognitive networks[C]// Proceedings of IEEE International Conference on Distributed Computing Systems, ICDCS, 2009:85-92.

[45] Lee D J, Jang M S. Optimal spectrum sensing time considering spectrum handoff due to false alarm in cognitive radio networks[J]. IEEE Communications Letters, 2009, 13(12):899-901.

[46] Song Y, Xie J. Common hopping based proactive spectrum handoff in cognitive radio Ad Hoc networks[C]// Proceedings of IEEE Global Telecommunications Conference, GLOBECOM, 2010:1-5.

[47] Song Y, Xie J. Performance analysis of spectrum handoff for cognitive radio ad hoc networks without common control channel under homogeneous primary traffic [C]// Proceedings of IEEE International Conference on Computer Communications, INFOCOM, 2011:3011 – 3019.

[48] Zheng S, Yang X, Chen S, et al. Target channel sequence selection scheme for proactive – decision spectrum handoff[J]. IEEE Communications Letters, 2011, 15(12):1332 – 1334.

[49] Baroudi U, Alfadhly A. Effects of mobility and primary appearance probability on spectrum handoff[C]// Proceedings of IEEE Vehicular Technology Conference, VTC, 2011:1 – 6.

[50] Tumuluru V K, Wang P, Niyato D, et al. Performance analysis of cognitive radio spectrum access with prioritized traffic[J]. IEEE Transactions on Vehicular Technology, 2012, 61(4): 1895 – 1906.

[51] Gur G, Bayhan S, Alagoz F. Cognitive femtocell networks: An overlay architecture for localized dynamic spectrum access [J]. IEEE Wireless Communications Magazine, 2010, 17(4): 62 – 70.

[52] Andrews J G, Claussen H, Dohler M, et al. Femtocells: Past, present, and future [J]. IEEE Journal on Selected Areas in Communications, 2012, 30(3):497 – 508.

[53] Lien S Y, Lin Y Y, Chen K C. Cognitive and game – theoretical radio resource management for autonomous femtocells with QoS guarantees[J]. IEEE Transactions on Wireless Communications, 2011, 10(7):2196 – 2206.

[54] Attar A, Krishnamurthy V, Gharehshiran O N. Interference management using cognitive base – stations for UMTS LTE[J]. IEEE Communications Magazine, 2011, 49(8):152 – 159.

[55] Cheng S M, Ao W C, Tseng F M, et al. Design and analysis of downlink spectrum sharing in two – tier cognitive femto networks[J]. IEEE Transactions on Vehicular Technology, 2012, 61(5):2194 – 2207.

[56] Huang J W, Krishnamurthy V. Cognitive base stations in LTE/3GPP femtocells: a correlated equilibrium game – theoretic approach[J]. IEEE Transactions on Communications, 2011, 59(12):3485 – 3493.

[57] Hu D, Mao S. On medium grain scalable video streaming over femtocell cognitive radio networks[J]. IEEE Journal on Selected Areas in Communications, 2012, 30(3):641 – 651.

[58] Ghasemi A, Sousa E S. Spectrum sensing in cognitive radio networks: requirements, challenges and design trade – offs[J]. IEEE Communications Magazine, 2008, 46(4):32 – 39.

[59] Letaief K, Zhang W. Cooperative communications for cognitive radio networks[C]// Proceedings of the IEEE, 2009, 97(5):878 – 893.

[60] Yucek T, Arslan H. A survey of spectrum sensing algorithms for cognitive radio applications [J]. IEEE Communications Surveys & Tutorials, 2009, 11(1):116 – 130.

[61] Digham F F, Alouini M S, Simon M K. On the energy detection of unknown signals over fading channels[J]. IEEE Transactions on Communications, 2007, 55(1):21 – 24.

[62] Tian Z, Tafesse Y, Sadler B M. Cyclic feature detection with sub – Nyquist sampling for wideband spectrum sensing[J]. IEEE Journal of Selected Topics in Signal Processing, 2012, 6

(1):58-69.

[63] Tang P K,Chew Y H. On the modeling and performance of three opportunistic spectrum access schemes[J]. IEEE Transactions on Vehicular Technology,2010,59(8):4070-4078.

[64] Zhang L,Jiang T,Zhang Y,et al. Grade of service of opportunistic spectrum access based cognitive cellular networks[J]. IEEE Wireless Communications Magazine,2013,20(5):126-133.

[65] Jiang T,Wang H,Vasilakos A V. QoE-driven channel allocation schemes for multimedia transmission of priority-based secondary users over cognitive radio networks[J]. IEEE Journal on Selected Areas in Communications,2012,30(7):1215-1224.

[66] Cormio C,Chowdhury K R. A survey on MAC protocols for cognitive radio networks[J]. Ad Hoc Networks,2009,7(7):1315-1329.

[67] Wang H S,Moayeri N. Finite-state Markov channel-a useful model for radio communication channels[J]. IEEE Transactions on Vehicular Technology,1995,44(1):163-171.

[68] Goldsmith A. Wireless communications[M]. Cambridge:Cambridge University Press,2005.

[69] Jin J,Xu H,Li B. Multicast scheduling with cooperation and network coding in cognitive radio networks[C]// Proceedings of IEEE International Conference on Computer Communications, INFOCOM,2010:1-9.

[70] Papadimitriou C H,Steiglitz K. Combinatorial optimization:algorithms and complexity[M]. NY:Courier Dover Publications,1998.

[71] Kuhn H W. The Hungarian method for the assignment problem[J]. Naval Research Logistics Quarterly,1955,2(1-2):83-97.

[72] Jain R,Chiu D,Hawe W. A quantitative measure of fairness and discrimination for resource allocation in shared computer systems[R]. Dec Research Report TR-301,1984.

[73] Ghosh A,Ratasuk R,Mondal B,et al. LTE-advanced:Next-generation wireless broadband technology[J]. IEEE Wireless Communications Magazine,2010,17(3):10-22.

[74] Holma H,Toskala A. LTE for umts:evolution to LTE-advanced[M]. NY:John Wiley & Sons,2011.

[75] Shen Z,Papasakellariou A,Montojo J,et al. Overview of 3GPP LTE-advanced carrier aggregation for 4G wireless communications[J]. IEEE Communications Magazine,2012,50(2):122-130.

[76] Takagi H,Walke B H. Spectrum requirement planning in wireless communications:model and methodology for IMT-Advanced[M]. NY:John Wiley & Sons,2008.

[77] Xiao J,Ye F,Tian T,et al. CR enabled TD-LTE within TV white space:system level performance analysis[C]// Proceedings of IEEE Global Telecommunications Conference,GLOBECOM,2011:1-6.

[78] Lee W Y,Akyildiz I F. Spectrum-aware mobility management in cognitive radio cellular networks[J]. IEEE Transactions on Mobile Computing,2012,11(4):529-542.

[79] Wang L C,Wang C W,Feng K T. A queueing-theoretical framework for QoS-enhanced spectrum management in cognitive radio networks[J]. IEEE Wireless Communications Maga-

zine,2011,18(6):18 – 26.

[80] Christian I, Moh S, Chung I, et al. Spectrum mobility in cognitive radio networks[J]. IEEE Communications Magazine,2012,50(6):114 – 121.

[81] Wang S, Wang Y, Coon J P, et al. Energy – efficient spectrum sensing and access for cognitive radio networks[J]. IEEE Transactions on Vehicular Technology,2012,61(2):906 – 912.

[82] Mansfield G. Femtocells in the US market – business drivers and consumer propositions[J]. Femtocells Europe,2008.

[83] Cullen J. Radio frame presentation[J]. Femtocells Europe,2008.

[84] Zahir T, Arshad K, Nakata A, et al. Interference management in femtocells[J]. IEEE Communications Surveys & Tutorials,2013,15(1):293 – 311.

[85] Andrews J G, Claussen H, Dohler M, et al. Femtocells: Past, pesent, and future[J]. Selected Areas in Communications, IEEE Journal on,2012,30(3):497 – 508.

[86] De La Roche G, Valcarce A, Lopez – Perez D, et al. Access control mechanisms for femtocells [J]. IEEE Communications Magazine,2010,48(1):33 – 39.

[87] Xia P, Chandrasekhar V, Andrews J G. Open vs. closed access femtocells in the uplink[J]. IEEE Transactions on Wireless Communications,2010,9(12):3798 – 3809.

[88] Al – Rubaye S, Al – Dulaimi A, Cosmas J. Cognitive femtocell[J]. IEEE Vehicular Technology Magazine,2011,6(1):44 – 51.

[89] Chandrasekhar V, Andrews J G, Gatherer A. Femtocell networks: A survey[J]. IEEE Communications Magazine,2008,46(9):59 – 67.

[90] Lin P, Zhang J, Chen Y, et al. Macro – femto heterogeneous network deployment and management: From business models to technical solutions[J]. IEEE Wireless Communications Magazine,2011,18(3):64 – 70.

[91] Chen Y, Zhang J, Zhang Q. Utility – aware refunding framework for hybrid access femtocell network[J]. IEEE Transactions on Wireless Communications,2012,11(5):1688 – 1697.

[92] Lin P, Zhang J, Zhang Q, et al. Enabling the femtocells: A cooperation framework for mobile and fixed – line operators[J]. IEEE Transactions on Wireless Communications,2013,12(1): 158 – 167.

[93] Li Y Y, et al. Cognitive interference management in 3G femtocells[C]// Proceedings of IEEE International Symposium on Personal, Indoor and Mobile Radio Communications, PIMRC, 2009:1118 – 1122.

[94] Adhikary A, Ntranos V, Caire G. Cognitive femtocells: Breaking the spatial reuse barrier of cellular systems [C]// Proceedings of Information Theory and Applications Workshop, ITA, 2011:1 – 10.

[95] Urgaonkar R, Neely M J. Opportunistic cooperation in cognitive femtocell networks[J]. IEEE Journal on Selected Areas in Communications,2012,30(3):607 – 616.

[96] Huang L, Zhu G, Du X. Cognitive femtocell networks: An opportunistic spectrum access for future indoor wireless coverage[J]. IEEE Wireless Communications Magazine,2013,20(2):44 – 51.

[97] Ng T C Y, Yu W. Joint optimization of relay strategies and resource allocations in cooperative cellular networks[J]. IEEE Journal on Selected Areas in Communications, 2007, 25(2): 328-339.

[98] Choi K W, Hossain E, Kim D I. Downlink subchannel and power allocation in multi-cell OFDMA cognitive radio networks[J]. IEEE Transactions on Wireless Communications, 2011, 10(7):2259-2271.

[99] Cao Y, Jiang T, Wang C, et al. CRAC: Cognitive Radio Assisted Cooperation for downlink transmissions in OFDMA-Based cellular networks[J]. IEEE Journal on Selected Areas in Communications, 2012, 30(9):1614-1622.

[100] Boyd S, Xiao L, Mutapcic A. Subgradient methods[M]. Lecture Notes of EE392o, Stanford University, Autumn Quarter, 2003.

[101] Recommendation I. Guidelines for evaluation of radio transmission technologies for IMT-2000[S]. International Telecommunication Union, 1997.

[102] Laneman J N, Tse D N, Wornell G W. Cooperative diversity in wireless networks: Efficient protocols and outage behavior[J]. IEEE Transactions on Information Theory, 2004, 50(12): 3062-3080.

[103] Yang Y, Hu H, Xu J, et al. Relay technologies for WiMAX and LTE-advanced mobile systems[J]. IEEE Communications Magazine, 2009, 47(10):100-105.

[104] Kadloor S, Adve R. Relay selection and power allocation in cooperative cellular networks[J]. IEEE Transactions on Wireless Communications, 2010, 9(5):1676-1685.

[105] Birge J R, Louveaux F. Introduction to stochastic programming[M]. Berlin: Springer, 2011.

[106] Myerson R B. Game theory: Analysis of conflict[M]. Harvard University, 1991.

[107] Zhang L, Jiang T, Luo K. Dynamic spectrum allocation for the downlink of OFDMA-based hybrid-access cognitive femtocell networks[J]. IEEE Transactions on Vehicular Technology, 2016, 65(3):1772-1781.

[108] Kim S, Choi W, Choi Y, et al. Downlink performance analysis of cognitive radio based cellular relay networks[C]//Proceedings of International Conference on Cognitive Radio Oriented Wireless Networks and Communications (CrownCom), 2008:1-6.

[109] Nam W, Chang W, Chung S Y, et al. Transmit optimization for relay-based cellular OFDMA systems[C]//Proceedings of IEEE International Conference on Communications (ICC), 2007:5714-5719.

[110] Kim M K, Lee H S. Radio resource management for a two-hop OFDMA relay system in downlink[C]//Proceedings of IEEE Symposium on Computers and Communications, 2007: 25-31.

[111] Kim S J, Wang X, Madihian M. Optimal resource allocation in multi-hop OFDMA wireless networks with cooperative relay[J]. IEEE Transactions on Wireless Communications, 2008, 7 (5):1833-1838.

[112] Sundaresan K, Rangarajan S. Efficient algorithms for leveraging spatial reuse in OFDMA relay

networks[C]// Proceedings of IEEE International Conference on Computer Communications (INFOCOM),2009:1539 – 1547.

[113] Xu H,Li B. XOR – assisted cooperative diversity in OFDMA wireless networks:optimization framework and approximation algorithms[C]//Proceedings of IEEE International Conference on Computer Communications (INFOCOM),2009:2141 – 2149.

[114] Li X,Jiang T,Cui S,et al. Cooperative communications based on rateless network coding in distributed MIMO systems [Coordinated and Distributed MIMO][J]. IEEE Wireless Communications,2010,17(3):60 – 67.

[115] Wang R,Lau V K,Cui Y. Decentralized fair scheduling in two – hop relay – assisted cognitive OFDMA systems[J]. IEEE Journal of Selected Topics in Signal Processing,2011,5(1):171 – 181.

[116] Sachs J,Maric I,Goldsmith A. Cognitive cellular systems within the TV spectrum[C]// Proceedings of IEEE Symposium on New Frontiers in Dynamic Spectrum Access Networks (DySPAN),2010:1 – 12.

[117] Luo T,Lin F,Jiang T,et al. Multicarrier modulation and cooperative communication in multihop cognitive radio networks[J]. IEEE Wireless Communications,2011,18(1):38 – 45.

[118] Zhu H,Wang J. Chunk – based resource allocation in OFDMA systems – Part I:Chunk allocation[J]. IEEE Transactions on Communications,2009,57(9):2734 – 2744.

[119] Zhu H,Wang J. Chunk – based resource allocation in OFDMA systems — Part II:Joint chunk,power and bit allocation[J]. IEEE Transactions on Communications,2012,60(2):499 – 509.

[120] Shen J,Jiang T,Liu S,et al. Maximum channel throughput via cooperative spectrum sensing in cognitive radio networks[J]. IEEE Transactions on Wireless Communications,2009,8(10):5166 – 5175.

[121] Sklar B. Digital communications[M]. Prentice Hall PTR New Jersey,2001.

[122] Yu W,Lui R. Dual methods for nonconvex spectrum optimization of multicarrier systems[J]. IEEE Transactions on Communications,2006,54(7):1310 – 1322.

[123] Boyd S,Xiao L,Mutapcic A. Subgradient methods[M]. Lecture Notes of EE392,Stanford University,2003.

[124] Papadimitriou C H,Steiglitz K. Combinatorial optimization:algorithms and complexity[M]. Courier Dover Publications,1998.

[125] Senarath G,Tong W,Zhu P,et al. Multi – hop relay system evaluation methodology (channel model and performance metric)[J]. IEEE C802. 16j – 06/013r3,2007.

[126] Jain R. The art of computer systems performance analysis[M]. NY:John Wiley & Sons,2008.

[127] Jia J,Zhang J,Zhang Q. Cooperative relay for cognitive radio networks[C]//Proceedings of IEEE International Conference on Computer Communications (INFOCOM),2009,2304 – 2312.

[128] Yoon J,Zhang H,Banerjee S,et al. MuVi:A multicast video delivery scheme for 4G cellular networks[C]// Proceedings of ACM Annual International Conference on Mobile Computing

and Networking (Mobicom),2012:209-220.

[129] Vella J, Zammit S. A survey of multicasting over wireless access networks[J]. IEEE Communications Surveys & Tutorials,2013,15(2):718-753.

[130] Chandra R, Karanth S, Moscibroda T, et al. Dircast:A practical and efficient WiFi multicast system[C]// Proceedings of IEEE International Conference on Network Protocols (ICNP),2009:161-170.

[131] Deb S, Jaiswal S, Nagaraj K. Real-time video multicast in WiMAX networks[C]// Proceedings of IEEE International Conference on Computer Communications (INFOCOM),2008:2252-2260.

[132] Jakubczak S, Katabi D. A cross-layer design for scalable mobile video[C]// Proceedings of ACM Mobicom,2011:289-300.

[133] Aditya S, Katti S. FlexCast:graceful wireless video streaming[C]// Proceedings of ACM Annual International Conference on Mobile Computing and Networking (Mobicom),2011:277-288.

[134] Al Tamimi A K, So-In C, Jain R. Modeling and resource allocation for mobile video over WiMAX broadband wireless networks[J]. IEEE Journal on Selected Areas in Communications,2010,28(3):354-365.

[135] Yang L, Sagduyu Y E, Li J H. Adaptive network coding for scheduling real-time traffic with hard deadlines[C]// Proceedings of ACM International Symposium on Mobile Ad Hoc Networking and Computing (Mobihoc),2012:105-114.

[136] Zhang R, Zhang Y, Sun J, et al. Fine-grained private matching for proximity-based mobile social networking[C]// Proceedings of IEEE International Conference on Computer Communications (INFOCOM),2012:1969-1977.

[137] Luo H, Ci S, Wu D, et al. Quality-driven cross-layer optimized video delivery over LTE [J]. IEEE Communications Magazine,2010,48(2):102-109.

[138] Chen X, Proulx B, Gong X, et al. Social trust and social reciprocity based cooperative D2D communications[C]// Proceedings of ACM International Symposium on Mobile Ad Hoc Networking and Computing (Mobihoc),2013:187-196.

[139] Kellerer H, Pferschy U, Pisinger D. Knapsack problems[M]. Berlin:Springer,2004.

[140] Brightkite. Brightkite dataset[DB/OL]. http://snap.stanford.edu/data/loc-brightkite.html.

[141] Video Trace. Video traces for network performance evaluation[J/OL]. http://trace.eas.asu.edu/tracemain.html.

[142] Huang A Q, Crow M L, Heydt G T, et al. The future renewable electric energy delivery and management (FREEDM) system:the energy internet[C]// Proceedings of the IEEE,2011,99(1):133-148.

[143] Rao L, Liu X, Xie L, et al. Minimizing electricity cost:optimization of distributed internet data centers in a multi-electricity-market environment[C]// Proceedings of IEEE International Conference on Computer Communications (INFOCOM),2010:1-9.

[144] Liang H, Choi B J, Zhuang W, et al. Towards optimal energy store-carry-and-deliver for

PHEVs via V2G system[C]// Proceedings of IEEE International Conference on Computer Communications (INFOCOM),2012:1674 – 1682.

[145] FERC. Assessment of demand response and advanced metering[J]. STAFF Report,2008.

[146] Fouda M M,Fadlullah Z M,Kato N,et al. A lightweight message authentication scheme for smart grid communications[J]. IEEE Transactions on Smart Grid,2011,2(4):675 – 685.

[147] Luan W,Sharp D,Lancashire S. Smart grid communication network capacity planning for power utilities[C]// Proceedings of IEEE PES Transmission and Distribution Conference and Exposition,2010:1 – 4.

[148] Zhai H,Kwon Y,Fang Y. Performance analysis of IEEE 802.11 MAC protocols in wireless LANs[J]. Wireless communications and mobile computing,2004,4(8):917 – 931.

[149] Lu X,Wang W,Ma J. An empirical study of communication infrastructures towards the smart grid:design,implementation,and evaluation[J]. IEEE Transactions on Smart Grid,2013,4(1):170 – 183.

[150] Lunttila T,Lindholm J,Pajukoski K,et al. EUTRAN uplink performance[C]// Proceedings of International Symposium on Wireless Pervasive Computing,515 – 519.

[151] Damnjanovic A,Montojo J,Wei Y,et al. A survey on 3GPP heterogeneous networks[J]. IEEE Wireless Communications,2011,18(3):10 – 21.

[152] Sakurai T,Vu H L. MAC access delay of IEEE 802.11 DCF[J]. IEEE Transactions on Wireless Communications,2007,6(5):1702 – 1710.

[153] Yu C H,Doppler K,Ribeiro C B,et al. Resource sharing optimization for device – to – device communication underlying cellular networks[J]. IEEE Transactions on Wireless Communications,2011,10(8):2752 – 2763.

[154] Xu C,Song L,Han Z,et al. Interference – aware resource allocation for device – to – device communications as an underlay using sequential second price auction[C]. Proceedings of IEEE International Conference on Communications (ICC),2012:445 – 449.

[155] Niyato D,Xiao L,Wang P. Machine – to – machine communications for home energy management system in smart grid[J]. IEEE Communications Magazine,2011,49(4):53 – 59.

[156] Ci S,Qian J,Wu D,et al. Impact of wireless communication delay on load sharing among distributed generation systems through smart microgrids[J]. IEEE Wireless Communications,2012,19(3):24 – 29.

[157] Cai Z,Dong Y,Yu M,et al. A secure and distributed control network for the communications in smart grid[C]// Proceedings of IEEE International Conference on Systems,Man,and Cybernetics,2011:2652 – 2657.

[158] Cao Y,Jiang T,Zhang Q. Reducing electricity cost of smart appliances via energy buffering framework in smart grid[J]. IEEE Transactions on Parallel and Distributed Systems,2012,23(9):1572 – 1582.

[159] Satyanarayanan M,Bahl P,Caceres R,et al. The case for VM – based cloudlets in mobile computing[J]. IEEE Pervasive Computing,2009,8(4):14 – 23.

[160] Goldsmith A J, Chua S G. Variable – rate variable – power MQAM for fading channels[J]. IEEE Transactions on Communications, 1997, 45(10): 1218 – 1230.